8° V
7237

Georges FRANCHE
INGÉNIEUR-MÉCANICIEN
A. & M. — E. C. P.

Manuel de L'Ouvrier Mécanicien

TROISIÈME PARTIE

Forge et Fonderies

PARIS

Librairie Bernard TIGNOL

PUBLICATIONS DE LA
LIBRAIRIE de l'ÉCOLE CENTRALE des ARTS et MANUFACTURES
53 bis, quai des Grands-Augustins

MANUEL DE
L'OUVRIER MÉCANICIEN

III

FORGE ET FONDERIES

BIBLIOTHÈQUE NATIONALE R.F. IMPRIMÉS

Librairie Bernard TIGNOL, 55 bis, quai des Grands-Augustins. — Paris.

MANUEL

DE

L'OUVRIER MÉCANICIEN

PAR

GEORGES FRANCHE

Ingénieur-mécanicien. — Arts et métiers. — École Centrale des arts et manufactures.
Agent technique de l'Office National de la Propriété industrielle.

8 VOLUMES IN-16, CARTONNÉS, DOS TOILE

PRIX : 15 FRANCS

ON VEND SÉPARÉMENT

ÉMILE COLIN, IMPRIMERIE DE LAGNY (S.-ET-M.)

BIBLIOTHÈQUE DES ACTUALITÉS INDUSTRIELLES   Nᵒ 96.

MANUEL

DE

L'OUVRIER MÉCANICIEN

TROISIÈME PARTIE

FORGE ET FONDERIES

PAR

Georges FRANCHE

(A. et M.) Ingénieur-Mécanicien. (E. C. P.)
Agent technique de l'Office national
de la Propriété Industrielle.

FIGURES 175 A 317

PARIS

LIBRAIRIE BERNARD TIGNOL
PUBLICATIONS DE LA
Librairie de l'École Centrale des Arts et Manufactures
53 *bis*, QUAI DES GRANDS-AUGUSTINS, 53 *bis*

Tous droits de traduction et de reproduction réservés.

FORGE ET FONDERIES

BIBLIOTHÈQUE NATIONALE R.F. IMPRIMÉS

PREMIÈRE PARTIE

TRAVAIL DU FER

CHAPITRE PREMIER
GÉNÉRALITÉS

Le *fer* ordinaire se trouve dans le commerce en barres de toutes grosseurs et de sections transversales variées dont nous avons parlé au chapitre précédent (*Machines-Outils*); les plus courantes pour le travail du forgeron sont les fers carrés, les fers plats et les fers ronds, et ce n'est qu'exceptionnellement qu'il emploie et façonne au feu les profils en cornière, en té ou en double té; nous aurons toutefois occasion de revenir sur le façonnage de ces fers spéciaux à l'article *Chaudronnerie*.

On distingue deux *cassures* différentes d'un fer rompu à froid : cassure à *grains* et cassure à *nerfs*; la structure la plus générale est celle à grains, la seconde paraissant résulter plutôt d'un travail mécanique; le martelage produit, le plus souvent, un fer à grains, alors que le laminage et l'étirage donnent la structure à nerfs.

Le fer à grains est moins tenace, quoique plus raide que le fer à nerfs; à chaud, le fer à grains se laisse mieux forger et contreforger que le fer à nerfs ; on le perce et on l'ouvre, à chaud, plus facilement aussi que le fer nerveux ; le fer à grains se soude mieux. Donc, employer le *fer à grains* pour les pièces soumises à la *torsion*, à la *flexion* ou au *frottement*, ainsi que pour celles qui devront être durcies par la *trempe*, et réserver le *fer à nerfs* pour les objets devant subir la *traction* ou devant être ployés.

Essai à chaud. — Les défauts des fers et leur essai à froid ont été suffisamment décrits dans l'introduction du volume précité (*Machines-Outils*), et nous y renvoyons le lecteur ; l'examen, à froid, n'est d'ailleurs qu'un premier indice pour le forgeron.

On fait d'abord subir à l'échantillon, en le soumettant dans un bon feu de forge à une haute température, une chaude suante (1.300°), ce qu'on appelle *faire ressuer* : puis on le laisse refroidir : il doit, étant froid, se présenter alors exactement sous la même forme et les angles doivent être restés bien nets.

Pendant qu'il est chaud, on l'*étire* ; ensuite on observe s'il ne s'est pas produit de criques sur les bords pendant le martelage : en ce cas, le fer ne serait pas pur.

Puis on essaie de le *souder* à lui-même, à haute température (ainsi que nous le verrons plus loin) ; il faut qu'il se soude parfaitement bien et que la trace de la soudure n'apparaisse nullement à froid ; si l'opération a bien réussi, le métal *peut* être bon.

On procède alors à l'étirage, à chaud, de la barre soudée ; on la façonne en pointe ; cet étirage doit s'exécuter sans crique ni gerce.

On perce, ensuite, à chaud, les deux barres soudées ; il faut qu'il ne se produise pas de crique ; le *perçage* a lieu dans deux directions : rectangulairement et près du bord.

Le fer est aussi *fendu* et *ouvert* à chaud dans un autre

essai ; à l'arête intérieure de l'angle d'ouverture, il faut que
la fente ne se prolonge pas trop, ce qui, dans ce cas, cons-
tituerait une crique.

On essaie enfin de la *torsion;* les arêtes doivent se présenter sans déformation sensible et sans gerces.

Si l'échantillon soumis à l'expérience a résisté à tous
ces essais, on est à peu près sûr que le fer est de bonne
qualité. — Il y a toutefois lieu de passer en revue l'action
des corps étrangers sur les fers.

Action des corps étrangers. — L'air lancé par le
soufflet est un mélange de deux gaz : *oxygène* et *azote*,
dans la proportion de 21 et 79 ; l'azote est un gaz inerte et
qui, bien que contenu pour près des quatre cinquièmes du
total, n'a pas d'action sur le métal ; l'oxygène, au contraire,
oxyde le fer, surtout à haute température ; c'est pourquoi
on jette sur les pièces du sable siliceux qui, en fondant,
recouvre leur surface comme d'un vernis liquide et la pré-
serve ainsi de l'oxydation ; sinon on *brûlerait* le fer.

Le *phosphore* ne paraît pas nuire à la soudure.

Quelquefois on trouve du *soufre,* répandu dans la masse ;
la soudure est alors mauvaise et même difficile ; si le soufre
n'est pas combiné au fer, mais que le charbon employé en
contienne, la soudure devient impossible ; on juge par là
de l'intérêt qu'il y a, pour le forgeron, à bien choisir son
combustible.

Le *cuivre,* en petite quantité, rend la soudure imparfaite ; en proportion plus forte, il l'empêche complètement.

L'*étain* rend le fer aigre ou cassant et nuit toujours à la
soudure ;

La soudure de deux fers de *qualités différentes* est difficile et imparfaite ; la soudure produit une solution de résistance et ne s'obtient souvent qu'avec l'adjonction de
soudures spéciales.

Effets de la chaleur. — Lorsqu'on chauffe un morceau de fer poli dans un feu de forge, on peut observer différentes couleurs passant, elles-mêmes, par toute une série de nuances; jusqu'à 200°, il ne change pas d'aspect;

210° *jaune paille;*

224° *jaune foncé;*

256° *cramoisi;*

261° *violet-pourpre, bleu foncé, bleu clair, vert de mer;* puis la couleur disparaît jusqu'à

370° les couleurs reparaissent très vite, dans le même ordre, et disparaissent de nouveau jusqu'à

500° le fer se recouvre d'oxyde;

525° *rouge naissant;*

700° *rouge sombre;*

800° *rouge cerise naissant;*

1000° *rouge cerise clair;*

1100° *orangé foncé;*

1200° *orangé clair;* le fer commence à s'amollir;

1300° *blanc;* il est mou, bon à forger;

1400° *blanc éclatant;* il semble que le fer sue;

1500° *blanc éblouissant;*

1600° il se brûle à l'air en produisant un bruit de friture; il lance des étincelles et se transforme, plus ou moins totalement, en oxyde.

Le mauvais fer se soude plutôt à une température inférieure, tandis que le bon fer est *dur au feu* et se soude mieux aux températures élevées; celui-ci commence à pouvoir se souder au blanc (1.300°), mais c'est surtout entre le blanc suant et le blanc éblouissant que se soudent les bonnes qualités (1.400° à 1.500°); les fers moins bons vers 1300°.

DEUXIÈME PARTIE

FORGE

CHAPITRE PREMIER
FOYERS

Pour exercer son art, le forgeron a, à sa disposition, des appareils pour chauffer le métal, et un certain nombre d'outils manuels et de machines spéciales (martinets, marteaux à cames, machines à forger et, plus habituellement, le marteau-pilon) pour transformer le fer.

Dans tous les cas, il lui faut également des soufflets, des machines soufflantes ou des ventilateurs pour activer la température et porter le métal au degré de malléabilité nécessaire.

Feu de Forge. — Le plus simple, le plus classique des appareils servant à porter le fer à de hautes températures est la *forge* proprement dite, sorte d'aire à rebords élevée de 0 m. 70 à 0 m. 80 au-dessus du sol, et sur laquelle on étale le frasier et le charbon.

Elle peut être faite en maçonnerie, en tôle, en fonte, etc., et on la supporte par des montants de briques ou de fonte.

Ordinairement (fig. 175 et 176), un feu de forge est appliqué contre un mur vertical, et possède un creux où l'on place le combustible ; on fait usage de houille grasse, concassée à la grosseur dite tête-de-moineau, mais on emploie aussi le coke, qui demande un peu plus d'air pour sa combus-

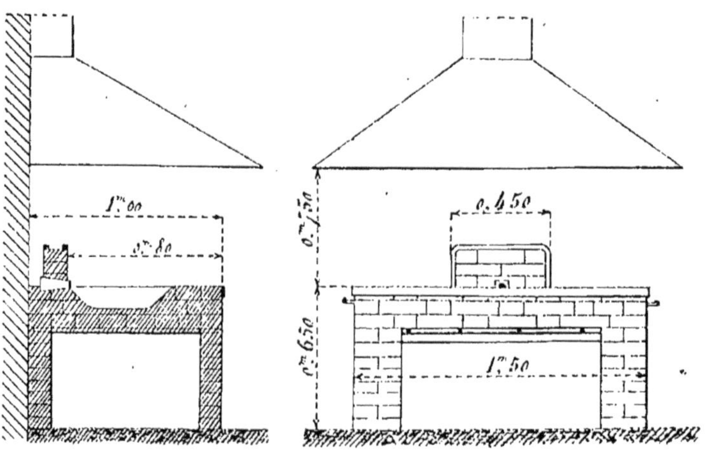

Fig. 175.   Fig. 176.

tion. Le chauffage au coke a l'avantage de donner des pièces plus propres ; le travail va plus vite aussi.

Cet air est insufflé au moyen d'une *tuyère* (fig. 177) éta-

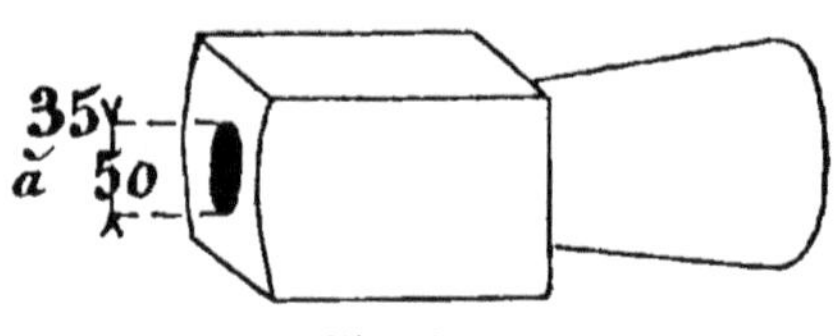

Fig. 177.

blie dans un petit mur appelé *contre-feu ;* on place la tuyère en contre-bas de la voûte formée par le combustible lorsqu'il est aggloméré.

Le refroidissement de la tuyère se fait, parfois, par une circulation intérieure d'eau (fig 178) ; il faut que le liquide ne soit pas susceptible d'y former des dépôts, et on emploiera, de préférence, de l'eau de pluie ; la dépense d'eau est, d'ailleurs, peu considérable.

D'autres fois les tuyères sont à réservoir d'air, avec ré-

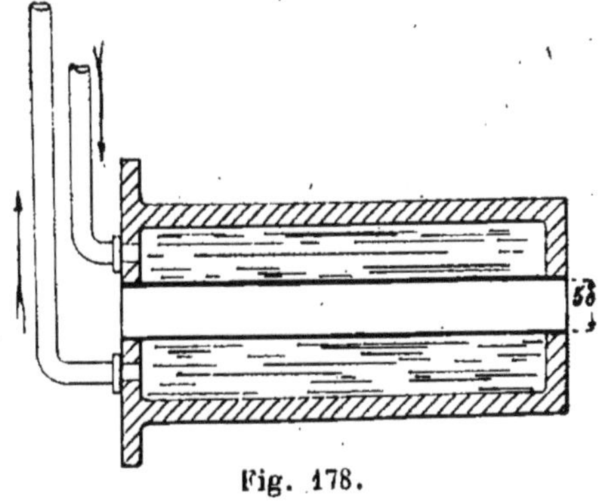

Fig. 178.

gulateur du registre d'entrée de l'air ; on en fabrique aussi qui sont à clapet.

Au-dessus du feu de forge, on place une *hotte*, par la-

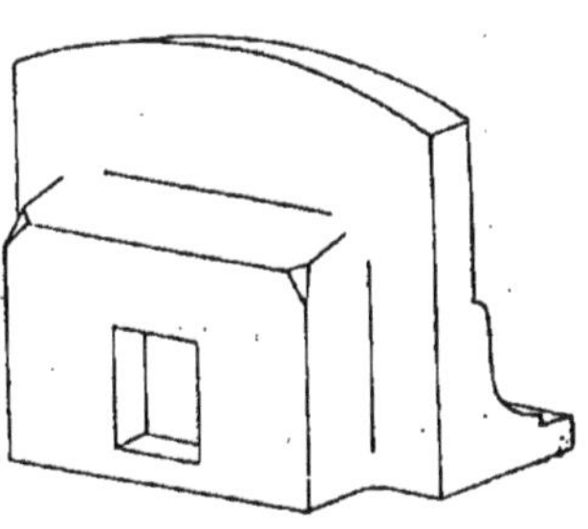

Fig. 179.

quelle les fumées s'élèvent vers la cheminée ; la hotte peut être en maçonnerie ou en tôle ; celles en pigeonnage s'échauffent moins que les hottes métalliques. Cependant elles ont l'inconvénient de se désagréger ; les hottes en tôle présentent l'avantage de tenir moins de place et de pouvoir être fabriquées avec charnières sur les angles, de façon à découvrir, selon les besoins, toute la surface de la forge.

Autour de la forge, il faut prévoir des emplacements pour les soutes à charbon et à mâchefer, ainsi que pour le bac à eau qui a plusieurs buts, dont le principal est le refroidissement des outils.

On fait quelquefois usage de forges à deux feux ; entre

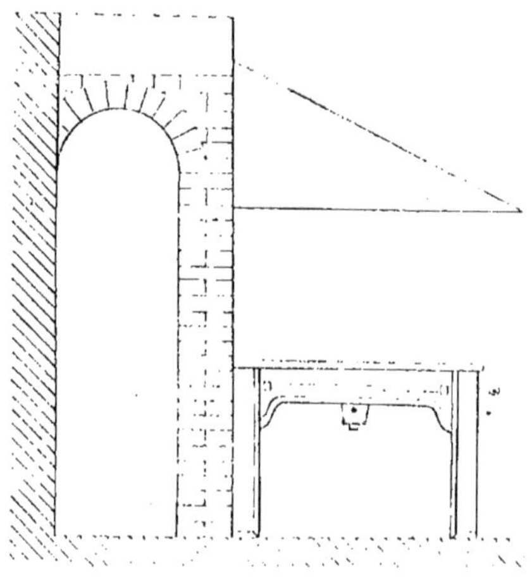

Fig. 180.

les contre-feux, il doit y avoir environ 0 m. 80 d'axe en axe ; les contre-feux sont encore fréquemment constitués par des plaques contre-feux en fonte (fig. 179), avec ouverture emboîtant la tuyère.

En outre, enfin, des forges doubles, on peut installer des forges quadruples ou circulaires ; mais alors les ateliers doivent présenter une largeur suffisante : 25 à 30 mètres environ.

Une bonne disposition de la forge (fig. 180) consiste à l'écarter de 0 m. 40 à 0 m. 50 du mur principal ; cette distance est, d'ailleurs, indispensable pour établir le réservoir à circulation d'eau de la tuyère à coke, ainsi que pour d'autres usages.

La combustion du charbon est activée par des soufflets, par des cylindres à pistons soufflants, simples ou doubles, par des ventilateurs rotatifs; on dispose, ordinairement, un réservoir de capacité convenable à côté des soufflets, pour uniformiser leur débit.

Le chauffage au charbon a lieu aussi sur des forges volantes, à double vent, à branloire et à foyer tournant, avec les tuyères sur le côté ou vers le centre; on peut recommander l'emploi des régulateurs de pression d'air, variant cette pression, selon la grosseur des pièces à forger, au moyen de poids posés sur un plateau extérieur au piston.

Certains appareils comportent des ventilateurs à main, faisant partie de la forge portative et qui sont d'un meilleur rendement que les soufflets.

Outillage. — Une forge moyenne comprend principalement les outils suivants :

1 enclume,	1 chasse à parer,
3 marteaux à main,	1 chasse à biseau,
2 marteaux à devant,	6 poinçons ronds,
2 chasses rondes,	12 tenailles,
2 dégorgeoirs,	Étampes diverses.
5 tranches à chaud,	Clouières,
1 tranche à froid,	Mandrins,
3 gouges,	Règles, compas, tisonniers,
1 poinçon méplat,	etc.
2 chasses carrées,	

L'*enclume* est une masse de métal (fig. 181) généralement en fer, avec la partie supérieure en acier.

Le poids ordinaire d'une enclume est 200 kilos.

Elle est rectangulaire et un peu évidée par le bas ; on la

termine d'un côté par un cône et de l'autre, par une pyramide triangulaire ; le plan de frappe supérieur est percé d'un trou rectangulaire, se raccordant avec une partie horizontale débouchant sur la face avant, où on introduit la queue des étampes.

L'enclume repose, habituellement, sur un billot en bois fixé sur le sol ou sur la maçonnerie ; on entoure ce support d'une frette. — Sa face supérieure doit être à environ 0 m. 70 au-dessus du sol.

Le marteau à main (fig. 182) est formé de la *tête* et de la *panne* ; en outre de son emploi par chocs sur le métal, il sert au forgeron à indiquer aux aides, ou *frappeurs*, l'endroit où l'action doit se produire et le moment de cesser de frapper.

Le poids des marteaux varie avec le travail ; les marteaux à main sont, généralement, d'un poids inférieur à 3 kilos, tandis que les *marteaux à devant* (fig. 183) pèsent plus de 3 kilos ; pour ceux-ci, on fait plus souvent la panne en travers.

La *chasse carrée* (fig. 184) sert surtout à obtenir des angles vifs, et, en particulier, des angles rentrants, ou à régulariser les surfaces ; la *chasse à parer* (fig 185) a un but identique ; sa surface est simplement un peu plus grande ; il en est de même pour la *chasse à biseau* (fig. 186) ou la *chasse à talon* (fig. 188) ; avec la *chasse ronde* (fig. 187) on obtient des congés.

Les *dégorgeoirs* servent à étirer plus énergiquement les parties du métal que l'on veut amincir, et les *gouges* (fig. 189) à en détacher les parcelles ou les défauts ; avec les *poinçons* (fig. 190, 191), on pratique, à chaud, des trous correspondant à la forme de leur section.

La différence qui existe entre les *tranches à chaud* et les *tranches à froid* (fig. 192, 193), consiste en ce que le taillant des premières est brut de forge et de trempe, tan-

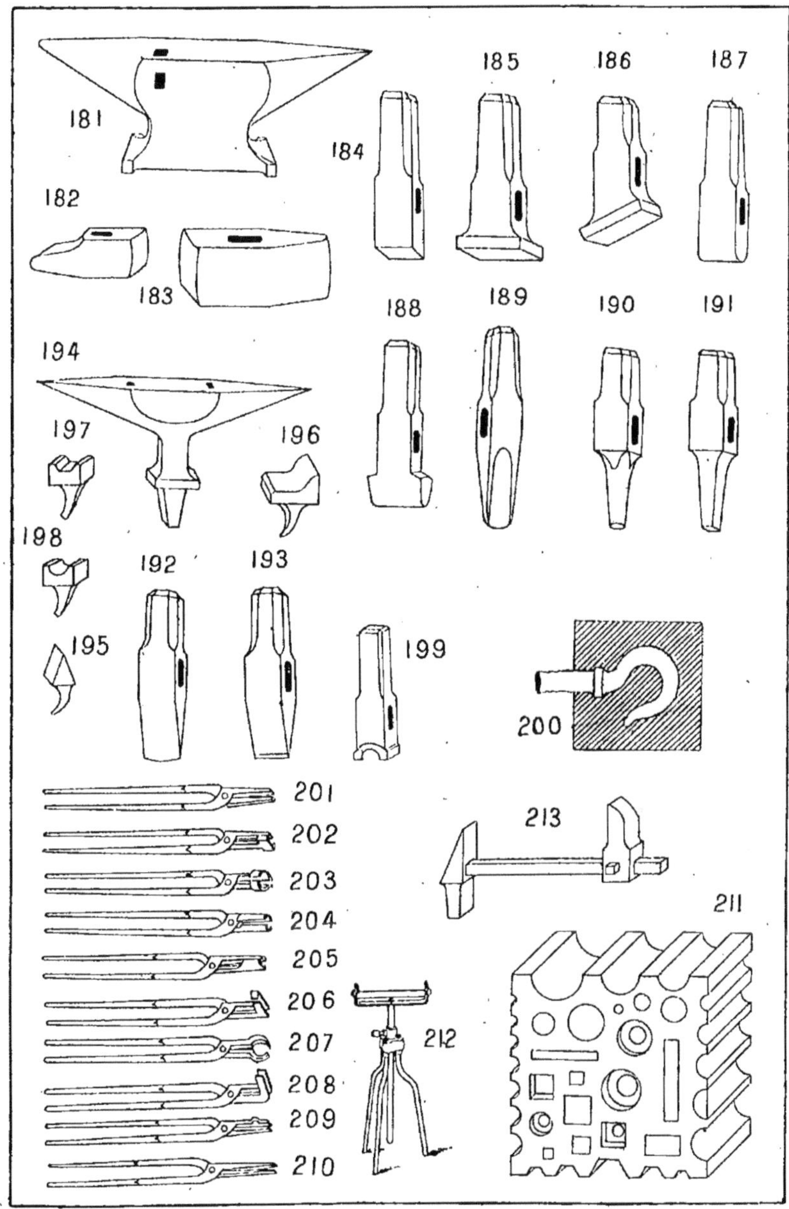

Figures 181 à 213.

dis que celui des tranches à froid est meulé ou limé ; leur angle de coupe est différent : 60° environ pour les tranches à froid et 20° pour celles à chaud.

Il est nécessaire, dans quelques cas particuliers, de donner les dernières retouches au travail sur une enclume plus délicate dénommée *bigorne* (fig. 194) qui est terminée par une queue s'emmanchant dans un billot ou un fort étau, et dont la table supérieure est percée de deux ouvertures pour le maintien des étampes (fig. 197, 198), ou des *tranchets* (fig. 196) et *casse-fer* (fig. 195) d'enclume, sur lesquels on sectionne les barres ou les pièces.

Les *étampes* sont des outils extrêmement intéressants et variés, dont l'usage permet la confection de pièces en série ; elles se composent ordinairement de deux pièces *haut* et *bas ;* les surfaces en regard, qui se rapprochent, sont entaillées avec dépouille convenable, de sorte que le métal interposé prend une empreinte dégrossie de la forme définitive et avec une bien moindre perte de matière qu'au marteau.

Les étampes les plus employées sont les étampes rondes et les étampes à six pans, pour façonner sur la longueur ; les *étampes de forme* sont creusées selon des gabarits appropriés, telles celles de l'exemple ci-contre (fig 200), destinées à forger les crocs de hamacs.

Les *tenailles* servent à saisir les pièces soit pour les présenter au feu ou les en retirer, soit pour les forger ; dans ce cas les branches sont réunies et maintenues de force par un anneau ovale de serrage.

Les figures (201 à 210) montrent les dispositions les plus répandues quant à la forme des pinces, qu'il faut toujours assortir, pour un bon serrage, aux parties par où la pièce doit être saisie.

La destination des *servantes* ou appuis de forge (fig. 212) est de soutenir l'extrémité des pièces qui dépassent le foyer et dont l'autre bout doit reposer sur l'enclume, de façon à éviter un mouvement de bascule.

Les *clouières* se font en fonte dure ; ce sont (fig. 211) des blocs carrés ayant de 25 à 50 centimètres de côté et de 10 à 15 centimètres d'épaisseur, sur lesquels on façonne, surtout, les têtes des pièces, dans des ouvertures de part en part, selon leur diamètre ou leur section ; ces têtes sont refoulées soit à plat, soit dans des évidements ; leurs bords latéraux sont agencés pour tenir lieu d'étampes de toutes sortes.

Le forgeron emploie aussi des *mandrins*, tiges rondes, légèrement coniques, s'enfonçant à force dans les pièces creuses, et de divers outils de mesure, parmi lesquels un des plus utiles (fig. 213) est le *pied-guide*, dont une extrémité se règle en longueur au moyen d'une petite vis de serrage, et dont une tranche, une étampe terminent l'autre bout.

Un atelier de forgeron contient également des *étaux*, plus volumineux et plus puissants que ceux des ajusteurs.

Soudure. — La soudure est le procédé par lequel, juxtaposant à chaud, mais à une température cependant convenable, deux parties d'une pièce, on les liaisonne entre elles de telle façon qu'elles font corps avec une énorme énergie ; les bonnes soudures sont, par la suite, inébranlables.

On peut souder ensemble, en prenant certaines précautions, des métaux de qualités assez différentes ; c'est ainsi que, pour beaucoup d'outils, on en peut garnir le tranchant avec une simple *mise d'acier ;* mais le cas le plus usuel et le plus simple est la réunion de deux barres bout à bout, soit que l'on veuille obtenir une plus grande longueur, soit que, sur l'une d'elles, on veuille rapporter une pièce déjà achevée ou, souvent, devant être travaillée plus facilement.

Pour préparer les extrémités des deux barres à souder, on les chauffe à blanc (1.300°) et, en les martelant en une ou plusieurs *chaudes*, on les amincit toutes deux en creux, en les raccordant à un léger renflement (fig. 214). Quand elles sont ainsi préparées, on les chauffe simultanément au

Fig. 214

blanc soudant (1.400 à 1.500 degrés), on les présente vivement sur l'enclume vis-à-vis l'une de l'autre et se superposant; à petits coups, pour commencer, on les frappe perpendiculairement aux axes; puis, lorsque la soudure paraît prise, on agit de plus en plus vigoureusement, tant sur les renflements que, selon l'axe, par leurs extrémités afin de

Fig. 215.

refouler sans cesse suffisamment de matière pour des opérations subséquentes.

Il est indispensable que la température reste très élevée; si l'on s'aperçoit que toute la surface de contact n'est pas encollée, il est préférable de chauffer à nouveau, pour marteler ensuite en toute confiance; avec les grosses barres, particulièrement, il est prudent de ne travailler qu'à une température dont on soit certain.

On reproche à ce mode de soudure de pouvoir retenir

des scories qui s'intercalent dans le creux ; elle paraît souvent bien faite, présente une surface d'apparence très
nette, alors que le cœur de la pièce n'est pas soudé et renferme, au contraire, le germe de défauts graves.

Pour éviter cet inconvénient, surtout pour de fortes sou-

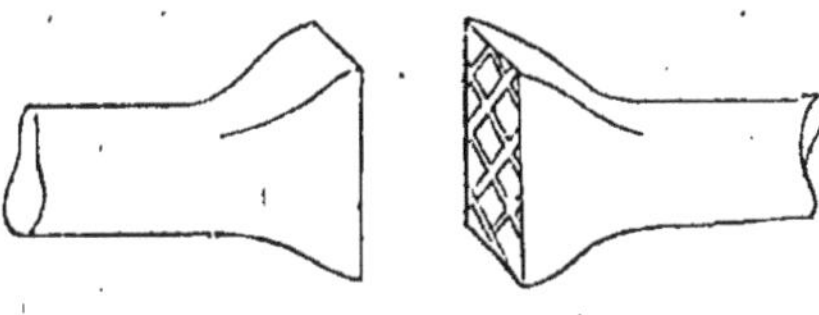

Fig. 216

dures, on emploie plutôt une forme convexe (fig. 215),
grâce à laquelle les scories s'échappent plus facilement au
martelage; le renflement qui forme saillie est indispensable
pour que l'endroit de la soudure ne présente pas, après

Fig. 217.

l'opération, une section moindre que le reste de la barre.

Il faut aussi que les surfaces de rapprochement soient
propres ; dans le mouvement de transport de la forge sur
l'enclume, le forgeron a donc l'habitude, lorsque possible,
de donner une secouée rapide de haut en bas, ou tout au
moins de poser son métal avec force sur l'enclume, pour
en faire tomber les mâchefers.

La soudure en bout (fig 216) est quelquefois nécessitée
par le travail ; mais elle est moins solide que les précé-
dentes ; on renfle les extrémités en pyramide tronquée, et
on y pratique des stries qui ont l'aspect grossier de pointes
de diamant ; ainsi préparées, on chauffe les barres à blanc,

on les rapproche, avec tous les soins de propreté indiqués, et on les soude en les frappant en bout. Les pointes de diamants permettent, il est vrai, de souder à moindre température ; mais elles constituent un réceptacle de scories et

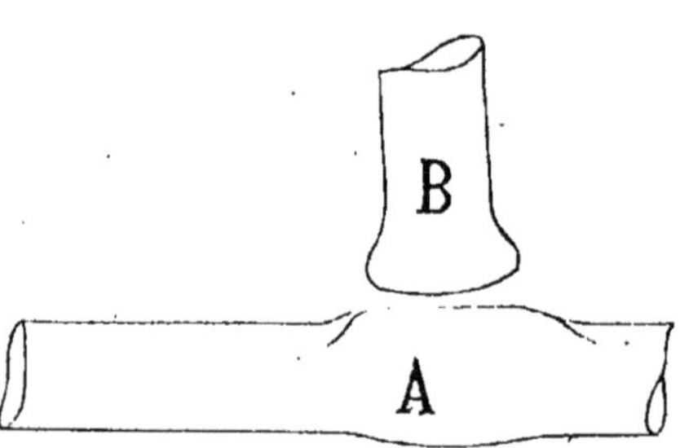

Fig. 218 et 219.

d'oxydes, et peuvent être avantageusement remplacées par des extrémités bombées (fig. 217).

Les soudures à encollage se pratiquent quand on veut souder les pièces à angle droit; on commence par renfler (fig. 218) l'endroit de la pièce A où doit venir la pièce B,

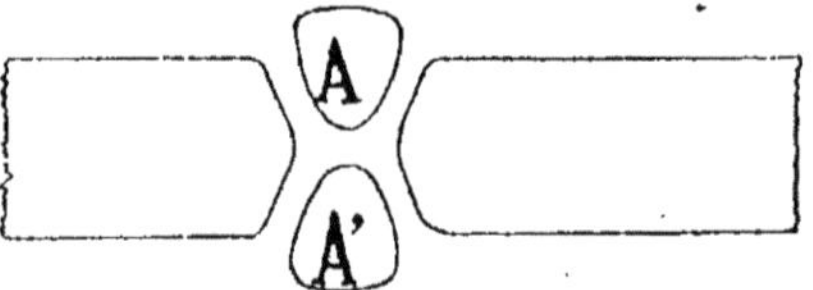

Fig. 220.

afin qu'il y ait suffisamment de matière pour le travail ; on façonne de même que ci-dessus le nez de la partie B, (fig. 219), et, pour souder, on frappe dans le sens de la longueur de cette dernière.

La soudure en coin (fig. 220) s'emploie lorsqu'on ne peut pas frapper les pièces en bout; A, A' sont des coins, chauffés au même degré que les parties à souder, et que l'on rapporte en les frappant d'abord légèrement, puis plus vigoureusement, dans tous les sens, lorsqu'ils ont fait une espèce de collerette à la pièce.

On utilise (fig. 221) la soudure en gueule de loup pour réunir deux fers de qualités différentes, ainsi que le fer et les mises d'acier; on pratique un renflement, puis une

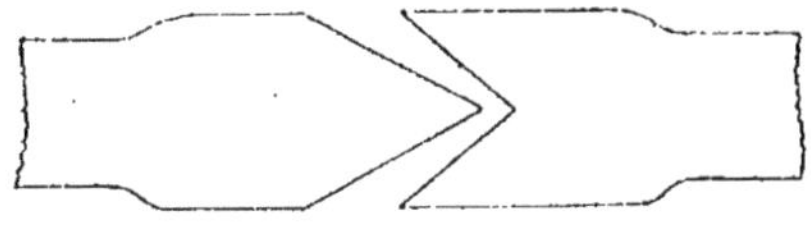

Fig. 221.

gueule de loup dans le *meilleur fer*; on façonne au contraire en coin plus aigu le renflement de l'autre pièce, afin que les mâchefers soient expulsés; de plus, l'angle ren-

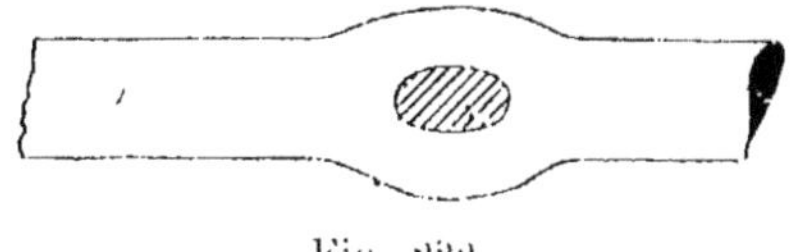

Fig. 222.

trant empêche la chaleur de trop agir sur le tranchant; on frappe en bout, la soudure commence ainsi par le noyau; on frappe ensuite sur les faces.

Fig. 223.

Refoulage. — Malgré la précaution de renfler convenablement le bout des pièces, il arrive cependant que la section est amaigrie, et, pour y remédier, on a recours à divers moyens :

Pour des pièces de petites dimensions, on chauffe, au blanc, l'endroit qui a souffert; puis on le frappe en bout (verticalement de préférence), sur une enclume, et les chocs répétés font renfler la partie chauffée.

On a encore recours aux lardons, petits morceaux de fer ajoutés dans un trou percé à chaud au poinçon sur une partie renflée, et soudés ensuite au blanc (fig. 222).

Le rechargement (fig. 223) consiste à mettre de la ma-

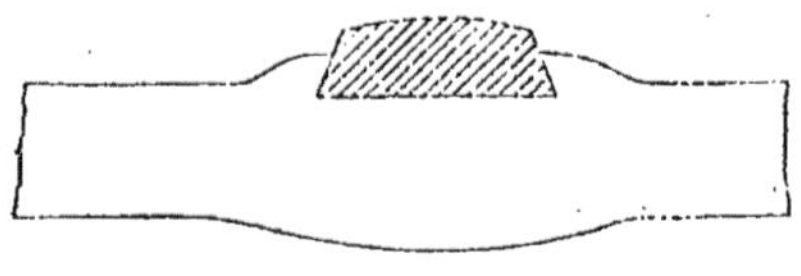

Fig. 224.

tière à l'extérieur, sous forme de petites barrettes ligaturées par du fil de fer ou par des bandes de fer léger ; c'est un peu la méthode employée pour souder des lingots au paquet.

Parfois, enfin, on retient la mise par deux ergots taillés sur la surface et qui retiennent le lardon (fig. 224).

Formes à éviter. — Le principe qu'il faut avoir présent

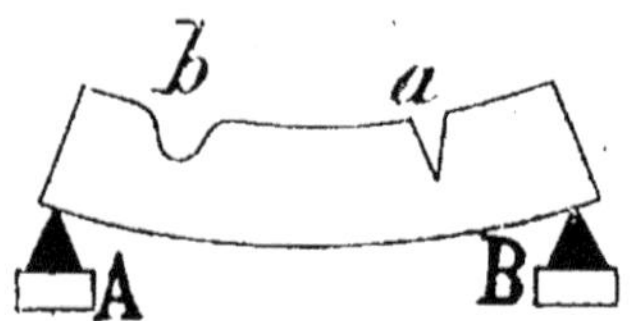

Fig. 225.

à l'esprit est que, lorsqu'une pièce est posée par ses extrémités sur deux points fixes A, B (fig. 225), elle a tendance à fléchir par son milieu, de telle façon que les fibres inférieures s'allongent, et que les fibres supérieures se raccourcissent. Si donc on ouvre sans précaution sur le dessus une entaille à angle droit a, les fibres supérieures ne se raccourciront plus et les fibres du dessous, retenues de proche en proche, ne s'allongeront pas ; la pièce possèdera, dans ce cas, une tendance à la rupture.

On doit, par conséquent, éviter les changements brusques de section et pratiquer des entailles arrondies, telles que b ; les tourillons, par exemple, seront pourvus de

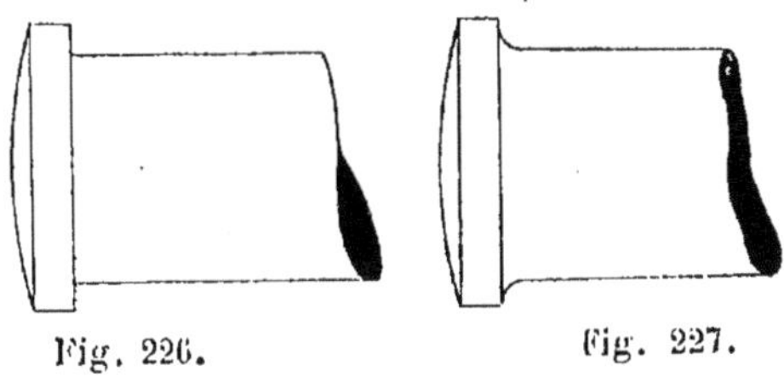

Fig. 226.   Fig. 227.

congés, comme (fig. 226) et non d'un angle rentrant tel que (fig. 227).

Forgeage de l'acier ordinaire. — Le travail de l'acier doit être confié à un forgeron expérimenté et même un peu spécialisé dans cette partie ; car son façonnage demande des soins de chauffe et une vivacité de main-d'œuvre qui ne ressemblent pas du tout aux procédés décrits à propos du fer.

L'acier, ainsi que nous l'avons décrit dans le volume *Machines-Outils*, est un composé de fer pur et de carbone ou d'autres métaux précieux ; on s'expose donc, en le soumettant immodérément à l'action du combustible et de l'air à haute température, à modifier la teneur en carbone, qui fait sa qualité, et à l'oxyder, c'est-à-dire à en faire, en résumé, un acier brûlé et inutilisable.

Il est donc de toute nécessité de ne pas s'attacher à l'obtention de fins profils, afin de réduire, autant que possible, le nombre des chaudes et de réserver, plutôt, l'achèvement des pièces aux travaux à froid, avec des surépaisseurs.

Cette manière de procéder a, de plus, l'avantage de supprimer une sorte de croûte de la surface extérieure, qui n'a plus l'homogénéité de la masse, parce qu'elle a subi, plus que le reste, toutes les actions tendant à en altérer la qualité.

Donc, en général, ébaucher largement à la forge avec des arrondis appropriés, et surtout sans angles rentrants ni arêtes vives; ne jamais refouler non plus l'acier et ne lui faire subir que des étirages, afin de conserver, le mieux possible, le parallélisme des fibres. Dans cet ordre d'idées également, n'arriver à des changements de diamètres ou de sections que par dégorgements et dépressions *progressives*.

Si la forme des pièces faisait craindre une oxydation du métal, on les plongerait dans une solution de

1 litre d'eau de pluie,

100 grammes de soude,

1 kilo d'argile bien délayée;

on ferait sécher près du feu, avant la chaude principale (Bœhler).

Selon la dureté de l'acier, les températures ci-dessous sont convenables pour le travail de forge :

Rouge cerise clair (1000°, pour aciers très durs et durs;

Orangé foncé (1100°) pour aciers de moyenne dureté;

Orangé clair (1200°) pour aciers tenaces et doux.

En dehors de ces limites, on risquerait ou de surchauffer

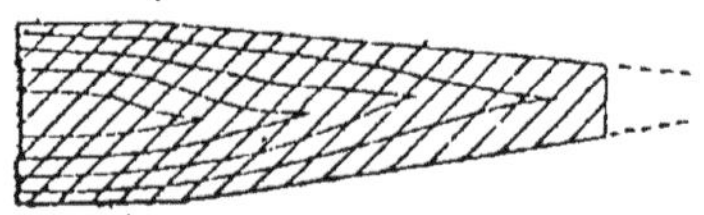

Fig. 228.

et de rendre cassant le métal; ou même de le brûler (avec étincelles), auquel cas il faut le rejeter impitoyablement; ou, tout au contraire, à température insuffisante, de l'écrouir et de le rendre aigre et peu souple.

Le martelage doit avoir lieu très uniformément, en se rappelant que, l'étirage se produisant, pour ainsi dire, en télescope (fig. 228), c'est la surface extérieure des barres, toujours un peu plus sèche que le noyau, qui se présente aux extrémités terminées; de là l'habitude de les tronçonner pour que les outils ne s'égrènent pas.

Les sections circulaires sont plus sujettes à donner ce défaut que les aciers carrés ou méplats, en raison de leur fabrication ; cette considération explique la préférence accordée à ces derniers dans la confection des outils fins.

Soudures de l'acier. — Lorsqu'il s'agit de procéder à ce genre de travail, la surveillance de la température doit être le principal objectif du forgeron, car les limites entre lesquelles la chauffe oscille sont très rapprochées et l'on risque, pour un moment d'inattention, de brûler l'acier qui dégage alors très facilement des étincelles; nous avons dit que c'était là l'indice d'un acier brûlé.

On chauffera les aciers *durs* : du *rouge cerise clair* (1000°) à *orangé foncé* (1200°)

Les aciers *moyens doux* : de *orangé foncé* (1200°) à *orangé clair* (1300°).

Le façonnage doit être exécuté vivement, sans nulle hésitation, et bien à l'abri de l'air ; on le fera par la méthode en gueule de loup et coin, en prévoyant soigneusement l'allongement provenant du martelage.

On emploie de la soudure spéciale, en écartant soigneusement le machefer et en en frottant les surfaces ; puis, au moment de l'opération, on saupoudre encore de matière à souder et on emmanche les deux parties bout à bout, que l'on martèle d'abord à petits coups, puis énergiquement avec les marteaux à devant; au moment où la température se rapproche, en s'abaissant, du rouge brun, on empêche la décarburation en saupoudrant de nouveau, en prévision de la trempe future.

Lorsqu'il s'agit de souder le fer et l'acier, en raison de ce que les températures nécessaires pour chaque métal ne sont pas identiques, ou bien on les chauffe séparément, ou bien on laisse le fer commencer à s'échauffer suffisamment et l'on introduit, plus tard, l'acier fondu.

Dans le cas où le soudage doit avoir lieu sur des pièces assez compliquées ou un peu longues, on procède par parties successives que l'on rejoint ensuite, par refoulements et soudures, à chacun des points de réunion.

La réussite n'est pas toujours possible, certains aciers étant rebelles à toute soudure ; il est alors inutile de s'obstiner dans la recherche d'un résultat plus heureux, et l'on adopte le parti de proscrire fatalement l'emploi d'aciers susceptibles de se gercer ou de ne pouvoir atteindre une température convenant à l'autre métal.

Les différentes poudres ou produits spéciaux aux soudures d'acier sont : le borax ; les compositions d'argile, soude et potasse ; ou encore de borax, sel ammoniac et prussiate ; pour les plaques minces : borax et limaille d'acier fondu très dur (Boehler).

Lorsque le forgeron a affaire à l'acier dit naturel, dont les qualités supportent mal la chaleur du forgeage, il faut observer beaucoup la décarburation, qui adoucit l'acier, et travailler l'ensemble des pièces avec une marge beaucoup plus grande que précédemment pour la terminaison ultérieure.

Trempe des outils courants. — Nous entendons par cette expression les outils que le forgeron peut lui-même façonner : tranches, poinçons, gouges ou dégorgeoirs et mandrins, à l'exclusion des objets provenant de fabrique : enclumes, bigornes, chasses, etc.

Les étampes, dessus et dessous, se font en acier doux, se trempent à l'eau, en faisant revenir au jaune ; les applications nécessitent parfois la trempe au paquet. Il faut avoir soin de les refroidir fréquemment pendant leur emploi.

Les tranches, poinçons et autres se trempent seulement sur la partie de travail ; on ne fait revenir qu'au jaune clair, en remarquant que, se détrempant par leur contact avec des pièces forgées, on préfère souvent les fabriquer d'un acier naturellement dur, qu'il est inutile de tremper.

Appareils mécaniques. — On tend de plus en plus à substituer, même pour les opérations de forge, le travail mécanique à celui à la main ; cependant comme, dans une foule de circonstances, il n'est pas possible de supprimer complètement la forge et l'adresse de l'ouvrier, nous allons décrire des machines intermédiaires, très utiles pour exécuter le plus fatigant de sa besogne.

Nous savons déjà (*Machines-Outils*) que le fer obtenu soit au four à puddler, soit en lingots d'acier provenant du convertisseur, se façonne d'abord sous un marteau à vapeur, par lequel les scories sont expurgées et le volume dégrossi à une forme qui le prépare à être parachevé sur un autre appareil.

Un dessin du marteau à vapeur, avec le cylindre figuré en section verticale, est donné par la fig. 229.

Le piston a est assujetti à se mouvoir, étanche, dans un cylindre vertical b ; à ce piston est fixée une tige c portant, à son extrémité inférieure, la tête d'un marteau ou *mouton* d, fortement clavetée, et maintenue en position par les guides verticaux du bâti, qui s'ajustent dans les rainures venues de fonte sur les côtés de la tête du marteau.

Le lopin f est posé sur l'enclume, ou *chabote*, e, fortement encastrée dans une fondation incompressible comme, par exemple, des escarbilles bien battues par couches superposées) pour diminuer la vibration.

Il faut que le support de l'enclume ait une grande masse et qu'il soit indépendant du bâti proprement dit ; on donne à la chabote un poids égal à 2 fois 1/2 le nombre obtenu en multipliant le poids du mouton par sa course maximum ; ainsi pour un marteau de 2.000 kilos tombant de 2 mètres de haut, le poids de la chabote sera :

$$2,5 \times 2,000 \times 2,00 = 10.000 \text{ kilos.}$$

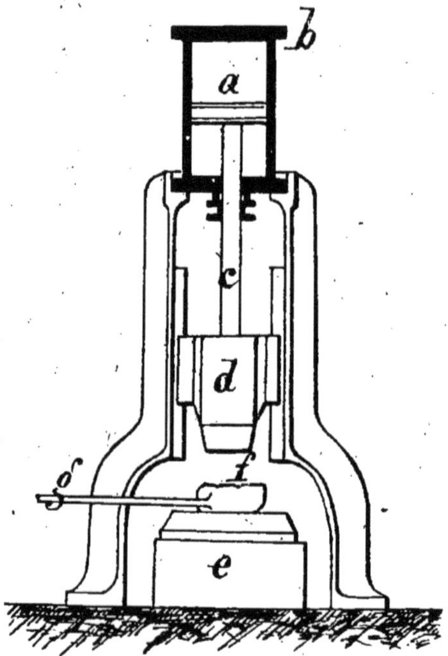

Fig. 229.

On exécute les chabotes d'une seule pièce de fonte et en outre du frasier précédent, on les fait reposer sur des poutres en chêne formant grillage.

Quand elles sont en plusieurs plaques métalliques rapportées, avoir soin d'en dresser tout au moins les surfaces de contact à la raboteuse.

Une tige g est temporairement rapportée et soudée au

lingot, pour permettre de retourner celui-ci sous le marteau selon le travail et le volume ou la forme des pièces.

La vapeur, dont la force est un peu supérieure au poids du mouton, étant admise sous le piston, le soulève; en arrêtant l'introduction de vapeur, le mouton reste suspendu; mais si on laisse échapper la vapeur, le pilon tombe sur la pièce placée sur la chabote et le choc est dû alors uniquement à la pesanteur.

Si, au contraire, on ouvre très lentement l'échappement, le marteau descend aussi plus lentement et on peut ainsi l'arrêter à telle distance que l'on veut; l'intervalle séparant chaque coup, est par suite, limité par le temps de la descente; il faut donc accélérer la chute et, pour cela, on emploie un ressort qui forme rabat. La réaction est obtenue par une compression d'air : le cylindre, au lieu d'être ouvert à sa partie supérieure, est fermé par un couvercle, sur lequel est installée une soupape de sûreté; quand le piston descend, la pression diminue et on arriverait en-dessous de la pression atmosphérique, si l'on ne disposait pas d'une seconde soupape de rentrée d'air.

L'énergie du coup peut être augmentée et cet accroissement de puissance s'obtient en admettant la vapeur au-dessus du piston a pendant la descente.

La forme sous laquelle est réduit le volume du métal dépend de l'usage auquel il est destiné; c'est ainsi que si l'on veut, ultérieurement, le laminer en tôles ou en barres, il doit être étiré en pointe amincie, en vue de son entrée entre les cylindres ; s'il doit être façonné, par la suite, dans une roue à souder, il affecte la forme d'une bague ronde, que l'on obtient par un trou poinçonné, de part en part, au préalable, avec un poinçon poussé dans sa masse par le marteau.

Le cercle ainsi obtenu (après réchauffage, si besoin est) sera glissé sur un long cylindre (fig. 230), dans une machine spéciale, et comprimé entre celui-ci et un second cylindre extérieur par une machine hydraulique. Les deux cylindres étant alors astreints à tourner, la bague d'acier ou de fer sera roulée plus mince, et augmentera de diamètre jusqu'à ce que la dimension désirée soit atteinte.

Les bords des rouleaux employés dans cette opération sont également disposés de façon à donner une forme convenable, respectivement, à l'intérieur et à l'extérieur de la pièce.

Dans certains ateliers de moyenne importance possédant une transmission, on fait usage, pour seconder la force musculaire de l'homme, d'un piston pneumatique ; cette machine est très commode pour travailler lorsqu'on a besoin de coups rapides et légers.

Dans la figure 231 le bâti et les guides sont supprimés pour qu'on en voie plus nettement le fonctionnement.

Deux cylindres sont disposés avec leurs axes en prolongement ; dans le haut, l'un a un piston creux, suffisamment long pour servir de guide ; il se meut de haut en bas par l'effet de la rotation d'un arbre, qui est, lui-même, actionné par courroies et poulies utilisant la source de puissance.

Sur le bout de l'arbre est une manivelle, qui conduit une tige assemblée au piston dans le cylindre du haut.

Dans le cylindre inférieur, existe un piston sur lequel est fixée une forte tige, portant à son extrémité basse un mouton qui fonctionne sur une enclume. Les pistons étant étanches, il en résulte que lorsque le piston supérieur est soulevé, il aspire partiellement l'air entre lui et l'autre piston, exhaussant ainsi ce dernier ; quand le piston du haut atteint le sommet de sa course, celui du bas se lève doucement, comprimant dans ce mouvement l'air intercalé entre les pistons.

Celui de dessus, cependant, commence immédiatement sa descente, comprimant encore plus l'air intercalé et pous-

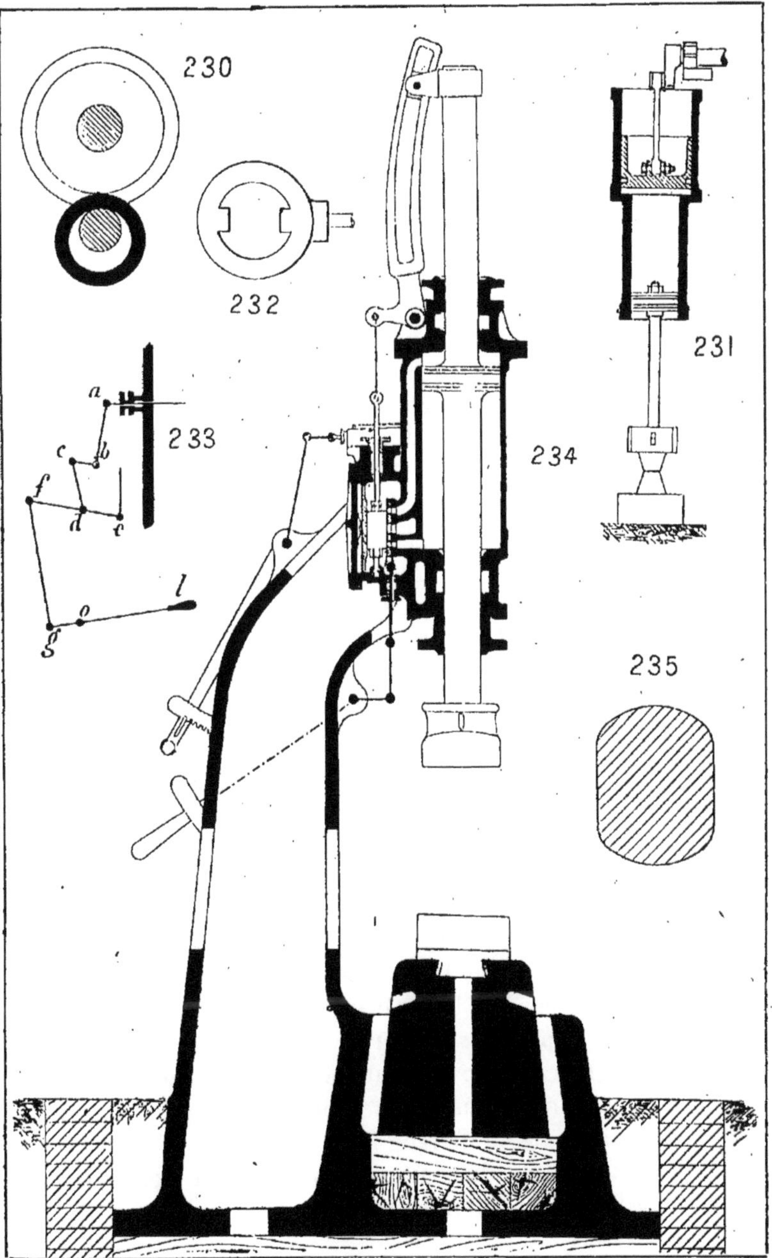

Figures 230 à 235.

sant le marteau vers le bas avec une force proportionnelle à la vitesse de l'arbre de commande. en raison de ce que, pendant la course du piston supérieur, la vitesse la plus grande correspond à la compression de l'air intermédiaire avant le début de la course du marteau vers le bas.

Son coup est, en réalité, plus lent quoique plus fort; le matelas d'air empêche le choc d'affecter un caractère violent; aussi ce marteau peut-il travailler, aussi légèrement que possible, le bronze des monnaies. Un semblable marteau donne facilement 80 coups par minute.

On a encore imaginé des marteaux automoteurs à simple effet; la distribution est manœuvrée par une tige unique. Cette tige est sollicitée par un ressort qui maintient le distributeur toujours ouvert à l'échappement, avec déclic de butée.

Pendant l'ascension du mouton, une biellette comprime le ressort, ferme l'admission, ouvre l'échappement, la chute se produit; puis, en déclanchant, les mêmes périodes recommencent.

Les petits marteaux à double effet sont du genre *Farcot*; le pilon est une tige volumineuse en acier, avec l'extrémité en acier également; cette tige est carrée, de sorte que le piston a, par dessous, une section annulaire peu considérable, juste suffisante pour annuler le poids total mobile; il y a de l'eau dans ce bâti; le dessous est en communication constante avec le bâti.

La vapeur agit sur la surface supérieure du piston pendant qu'il descend et la contrepression ne peut pas augmenter, car la vapeur est saturée. On peut, avec cet engin, faire varier la vitesse de chute et la puissance du choc; il permet de donner des coups violents ou d'agir par une succession de petits coups.

Par une autre disposition, on a rendu complètement automatique le fonctionnement du marteau-pilon; il est à double effet et constitué par une tige très volumineuse formant le marteau proprement dit ; la tige est cylindrique, de façon à rendre plus facile l'exécution du presse-étoupes.

La tige du piston est prolongée par une partie cylindrique dont la longueur est égale à la course maximum ; sur ce prolongement sont pratiquées (fig. 232) deux cannelures inclinées en sens inverse l'une de l'autre et constituant ainsi une façon d'hélice ; elles s'engagent dans un coulant emboîté dans une sorte de caisse. Cet assemblage empêche la tige de tourner autour de son axe et la réaction des mortaises inclinées imprime, au coulant, un mouvement alternatif horizontal.

La vapeur est introduite au-dessus et au-dessous du cylindre, alternativement, par un tiroir ordinaire placé sur le côté du cylindre.

Le point essentiel consiste dans le mode de transmission du mouvement à la tige (fig. 233) : la tige du tiroir est manœuvrée par un balancier $f\,d\,e$, mobile autour de d ; supposons-le fixe, pour le moment ; f est relié à un levier de manœuvre par une bielle g et on actionne tout le système par la poignée l.

Mais le centre d n'est pas fixe ; il est suspendu par une bielle $c\,d$ à un levier coudé $a\,b\,c$; ce balancier est articulé au coulant et, comme celui-ci peut prendre un mouvement de translation horizontale, le balancier $a\,b\,c$ a un mouvement d'oscillation ; par conséquent d a un mouvement d'oscillation de haut en bas ; le mouvement oscillatoire autour de d est en sens inverse de celui communiqué par le levier l.

Prenons le marteau au bas de sa course : le dessous du piston est, alors, en communication avec la vapeur en pression, tandis que le dessus est à échappement libre ; les surfaces respectives sont telles qu'au-dessous la vapeur a juste assez de force sur la couronne pour le soulèvement, tandis que toute la superficie supérieure peut recevoir la force vive et la transmettre au piston.

Si on donne, dans ces conditions, un léger mouvement à l, le piston monte, mais le collier fait refermer l'admission ; à un second mouvement de l, le piston monte, puis ferme l'entrée et, en définitive, le piston monte lentement. Pour produire un choc, on ouvre l au maximum : le piston, dès lors lancé vivement de bas en haut, va fermer cependant le tiroir, au fur et à mesure de son ascension ; mais, en vertu de la vitesse acquise, il ne s'arrête pas et continue son chemin jusqu'à ce que sa force vive montante soit équilibrée par les résistances ; la principale de celles-ci est le renversement de la vapeur, provoqué par le **mouvement** de bas en haut, et il s'arrête lorsque le tiroir est complètement ouvert à contre-vapeur ; l'effet produit est que le piston est amorti, puis lancé en sens inverse ; continuant sa chute, il arrive à mi-course, ferme en cet instant l'admission, puis la rouvre à contre-vapeur en bas.

Mais, en raison de ce que l'excès de force vive est très grand parce que l'effort de la pression s'est exercé sur toute la surface supérieure, il en résulte un choc considérable sur la pièce posée sur l'enclume, et une préparation immédiate à une nouvelle évolution du mouton.

Pour les pièces de forge ordinaires, un marteau de 20 tonnes est suffisant ; mais pour le forgeage des pièces d'acier, ces marteaux deviennent faibles, car on ne les étampe ordinairement qu'au rouge cerise, ainsi que nous l'avons vu.

On a alors imaginé des pilons de 50 tonnes, avec chabotte proportionnée (Krupp, Essen), de 60 tonnes (Perm. Russie), avec chabotte de 600 tonnes, de 80 tonnes (Creusot), de 100 tonnes, etc.

Nous terminerons l'examen des marteaux-pilons en usage par la description d'un automoteur à force vive de vapeur, qu'il nous a été donné de voir fonctionner dans d'excellentes conditions, très simple et très robuste dans ses organes, et répondant à tous les besoins d'une forge moyenne.

Le bâti (fig. 234) a l'aspect général d'une mortaiseuse où le plateau serait remplacé par une chabotte encastrée par tous ses côtés ; ses dimensions sont calculées pour supporter et au-delà l'amortissement de la pièce vive sur la pièce à ouvrer ; il est percé, de part en part, d'une ouverture à hauteur de l'œil de l'ouvrier frappeur, afin que celui-ci puisse, par cet évidement, suivre toutes les phases du pilonnage et manœuvrer ses leviers à la demande du maître-ouvrier.

Les poignées de commande : admission générale de pression et régulation du choc, sont posées à l'opposé de l'enclume, disposition qui protège le machiniste contre les projections de mâchefers et d'étincelles; l'enclume et le nez du mouton sont rectangulaires, et présentent leur côté le plus long dans un sens parallèle à l'avancée transversale de l'appareil; le martelage peut avoir ainsi efficacement lieu sur près des trois quarts d'un cercle idéal dont l'axe du cylindre serait le centre. C'est un fort bon aménagement pour la manœuvre et le travail des pièces un peu longues ou de formes encombrantes.

A la partie haute du bâti, est boulonné le cylindre, sur deux longerons consolidés par des nervures, avec buttées d'ajustage haut et bas; le tout venu de fonte, ainsi que les bossages de rotation des leviers de commande.

Le marteau est formé de deux pièces principales : la tête s'ajuste, à la partie inférieure, par emmanchement, cône et forte clavette de serrage, sur une grosse tige assez longue et, de plus, cylindrique afin qu'elle soit mieux embrassée par le presse-étoupes du bas du cylindre. Cette grosse tige ronde, forgée avec le piston, qui est rainé pour recevoir les segments extensibles d'étanchéité, se prolonge par une autre forte tige de section particulière (fig. 235), lui servant de guide et l'empêchant de tourner horizontalement sur son axe ; la tige à méplats passe dans un presse-étoupes d'ouverture identique, formant le couvercle supérieur du cylindre ; son extrémité porte, en outre, une chape maintenue par une goupille et qui participe, par conséquent, exactement à tous les déplacements verticaux du piston

Un boulon, fixé dans les bras de la chape, s'engage dans le vide d'une coulisse analogue à la coulisse de Stephenson et lui fait décrire, autour d'un point déterminé du bâti, des angles correspondant selon une certaine loi aux déplacements du piston ; cette coulisse est un levier coudé transformant le mouvement de rotation en un mouvement rectiligne alternatif dont est animé le tiroir automatique.

Le cylindre, solidement boulonné sur le bâti, est à double effet ; une série de tiroirs placés sur le côté, dans une boîte en fonte dissimulée par les flasques du bâti, permettent d'admettre la pression au-dessus et au-dessous du piston qu'il enveloppe ; le canal d'échappement débouche sur le côté, d'équerre à la glace du tiroir.

Il existe trois tiroirs pour :

Prise de vapeur, manœuvrée par un levier initial mis au point pour toute la durée d'une opération de martelage ;

Distribution automatique, actionnée par la coulisse influencée par l'évolution du piston ;

Changement de marche, réglé par un second levier (le seul que l'ouvrier ait à actionner dans le cours d'une chaude), au moyen duquel on provoque la levée ou la chute plus ou moins puissante du marteau.

Le tiroir de prise de vapeur est situé sur la face supérieure horizontale de la boîte à tiroirs ; c'est une simple plaque en bronze coulissant pour découvrir une ouverture pratiquée dans la boîte.

Les deux autres tiroirs frottent dos à dos, à la façon des tiroirs à détente ordinaires, et leurs déplacements relatifs ont lieu devant les lumières de la glace fixe du cylindre; leur régulation a été prévue pour qu'à tout mouvement, dans un sens, du tiroir à main, corresponde une position bien déterminée du tiroir automatique qui obéit, par la coulisse, à chacune des exigences du piston.

Les tiroirs sont fortement maintenus contre leurs glaces par des ressorts; la purge de la boîte se fait vers le bas; elle demande à être fréquemment ouverte à cause des coups d'eau pouvant résulter, dans les pilons, de la condensation de vapeur qui se fait dans la grande longueur des conduites; c'est lentement et très prudemment qu'il faut purger ces conduites ainsi que les boîtes des tiroirs; sinon l'eau serait fortement lancée par l'afflux de vapeur et serait susceptible de faire éclater les organes où s'amortit cette énergie.

Pour récapituler, le fonctionnement du marteau est celui-ci :

Ouvrir le tiroir de prise et enclancher son levier; saisir et dégager de sa position moyenne le levier du tiroir mobile; en ne lui imprimant qu'un petit mouvement de haut en bas, on admet la vapeur sous le piston qui, se soulevant, provoque la descente du tiroir automatique, lequel vient en regard de la lumière basse d'admission et peut garder cette position pendant le temps nécessaire à la pose de la pièce ou des outils sur l'enclume.

Puis, si l'on donne au tiroir mobile une nouvelle impulsion dans le même sens, une seconde admission va lancer le piston vers le plus haut point de sa course, lui faire renverser la coulisse complètement sur la gauche et, par cet organe intermédiaire, forcer le tiroir automatique à découvrir l'échappement bas et ouvrir l'admission haute, du même coup ; la descente rapide du piston se produit, sollicitant le tiroir à parcourir toute sa course ascendante, à ouvrir simultanément : l'échappement haut du cylindre et l'admission basse sous le piston, et à répéter les mêmes évolutions que ci-dessus, sans que le levier de régulation ait fait bouger le tiroir mobile.

En plus de son rôle de distributeur, ce tiroir mobile sert également à régler la violence des chocs répétés automatiquement, selon le cran où l'on arrête son levier ; car de sa position devant les lumières de la glace, dépend le plus ou moins de laminage que subit la vapeur pendant son passage à travers les sections qu'il lui découvre. Il y a donc là une résistance qui diminue la vitesse d'écoulement et, par suite, la pression sous laquelle prend naissance l'énergie du piston.

Un ouvrier exercé à son maniement acquiert un doigté tel qu'il lui est facile de faire haleter le marteau en n'importe quel point de la course, de casser proprement une noisette sur l'enclume ou même de jouer à la main chaude en venant frapper très doucement la paume de la main qu'on lui confie.

La consommation de vapeur de ces engins est relativement élevée, par rapport aux machines à vapeur ; mais comme elle dépend, en majeure partie, des condensations et en faible proportion seulement de la dépense utilement récupérée par le choc, il faut chercher à la réduire par quelques-unes des précautions employées dans les moteurs.

On peut dire de ces marteaux, même sans tenir compte de leur rapidité, qu'ils décuplent l'énergie du poids mort qu'ils actionnent ; ainsi, pour une même hauteur de chute et pour un coup, un marteau automoteur de 250 kilos produira, pour le moins, le même effet qu'un pilon en chute libre de 2.500 à 3.000 kilos.

Pendant ces dernières années, la *presse hydraulique* a remplacé le marteau-pilon dans beaucoup de catégories de travaux, car elle est plus prompte et plus économique dans son emploi; pour les objets devant être façonnés entre *matrices*, surtout, [la presse hydraulique est tout spécialement indiquée.

En outre de son usage pour comprimer le fer et l'acier sous certaines formes, la machine hydraulique est très précieuse pour courber les barres grosses ou légères, les cornières ou autres profils, ainsi que pour plier et préparer les lames.

Quoique le fer ou l'acier puissent arriver promptement à être soudés, lorsqu'on prend soin de leur donner une température convenable, il n'est pas toujours facile d'affirmer que la soudure est parfaite, quel que soit l'appareil sur lequel on a fait cette opération; en ces derniers temps, l'épreuve de ces soudures a été proposée par M. Saxby, qui utilise les propriétés de l'aiguille magnétique.

Nous croyons bon de relater cette méthode qui, si elle n'est pas encore en usage, peut être considérée comme un renseignement de valeur : quand une petite aiguille magnétique est promenée lentement à la surface d'une barre de fer homogène *orientée est et ouest*, l'aiguille n'est pas déviée; mais si, cependant, le fer n'est pas homogène ou s'il contient des pailles, son action sur l'aiguille aimantée est différente et, au lieu des attractions s'équilibrant l'une l'autre, on constate qu'elles varient avec l'état du fer; les déviations variables de l'aiguille se présentent tantôt à droite, tantôt à gauche, selon les influences intérieures ; mais, de toute façon, toute déviation semblable indique un défaut dans le fer essayé.

Par cette méthode, M. Saxby a découvert les points plus faibles dans un certain nombre de barres soumises à son contrôle; ces barres étaient ensuite rompues à la machine à éprouver et, dans chaque cas, les indications de l'aiguille ont été vérifiées et reconnues exactes.

La simplicité de cette expérience la recommandera certainement à ceux qui ont fréquemment occasion d'essayer le fer forgé selon des formes particulières, car tout ce qui est nécessaire pour cet examen-ci est un petit appareil de poche.

Transformations du fer. — Le but que l'on poursuit, dans le forgeage, c'est la transformation des matériaux bruts, que sont le fer et les aciers, en objets ouvrés ayant une forme dégrossie ou même définitive; cette transformation a lieu sans enlèvement de matière.

On divise en quatre catégories les manipulations de la forge, la soudure non comprise :

L'*Étirage* ou le *Refoulement* du fer; le premier moyen est préférable, car le fer conserve bien sa qualité ; ·

Le *Perçage;* on pratique, au poinçon, une première ouverture que l'on agrandit de proche en proche avec une série de mandrins (fig. 236) ;

Le *Fendage;* on l'exécute en faisant, en premier lieu, une ouverture au poinçon; puis, avec la tranche à chaud, on fend la barre dans toute la longueur comprise entre ce trou et l'extrémité de la barre ou un second trou, selon les circonstances (fig. 237);

L'*Étampage*, pour lequel on fait usage de séries de moules et de contre-moules se rapprochant de plus en plus de la forme sous laquelle la pièce doit être obtenue, avec réchauffage autant qu'il est nécessaire.

Quelques exemples de forgeages simples ou combinés montreront la diversité d'applications de ces quatre opérations élémentaires.

Boulons (fig. 238). — La tête des boulons s'obtient de plusieurs façons ; on peut, en premier lieu, refouler le bout

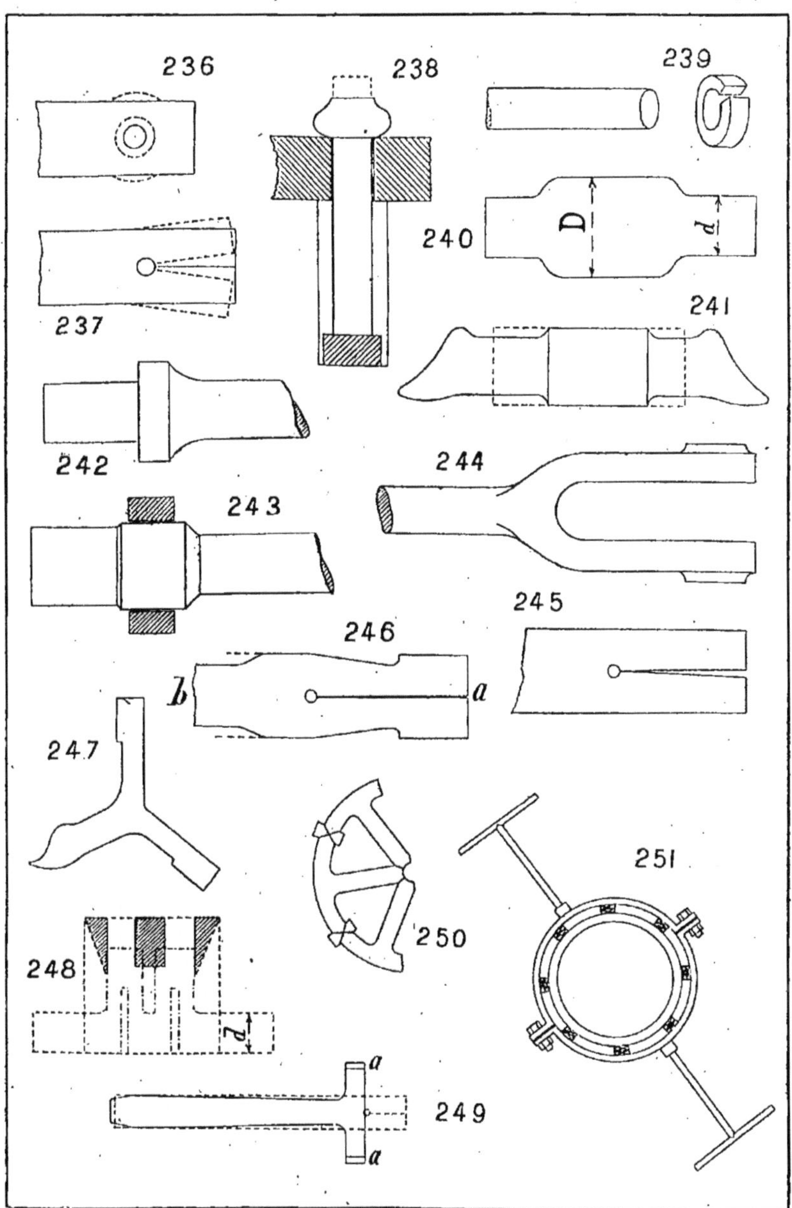

Fig. 236 à 251.

du fer, comme dans les anciennes fabrications de clous forgés, dans une clouière.

On forme un renflement de volume suffisant auquel on donne ensuite, sur l'enclume, l'aspect qui se rencontre en mécanique : tête aplatie, cylindrique, carrée, hexagonale, etc.

Cette méthode est moins avantageuse que la suivante, particulièrement pour les diamètres un peu gros : on prépare à l'avance une bague prise (fig. 239) dans un fer carré ; on porte, au blanc soudant, cette bague ainsi que l'extrémité du boulon ; puis, les ajustant l'une dans l'autre, on les soude solidement en frappant à petits coups tant sur champ qu'en bout de manière à bien mater la tige ; le travail, la plupart du temps, s'achève avec des étampes.

Portée. — Il existe différentes façons de faire un renflement D à un arbre de diamètre plus petit *d* (fig. 240).

On peut choisir une barre ronde de grosseur D, la chauffer au rouge cerise, puis l'étirer jusqu'à ce que la partie à amincir soit arrivée à la dimension convenable. Il faut préparer enfin chacune des extrémités en amorce afin d'y pouvoir souder ultérieurement des barres de diamètre *d* et de longueur donnée par les circonstances (fig. 241).

Il est aussi possible, quelquefois, de procéder par refoulement simple ou par refoulement combiné avec soudage d'une bague. Il faut toujours chauffer au rouge ardent pour le refoulement et au blanc suant pour la soudure, en prenant tous les soins voulus pour que les scories, le mâchefer, le charbon même ne s'interposent pas entre les pièces et ne rendent la soudure défectueuse.

Bielle à fourche (fig. 244). — On les exécute en plusieurs opérations consécutives : on choisit un fer à section rectangulaire répondant largement au volume de la pièce à obtenir (fig. 245) ; on le poinçonne à une distance convenable et on l'ouvre à la tranche à chaud ; puis on étire l'extrémité que

l'on dégrossit sur une forme approchée des bras qui doivent faire la fourche (fig. 246).

On façonne à ce moment, en l'étirant et en l'étampant, la
partie *b* qui devra se souder au corps de la bielle, soit rond,
soit méplat, puis, on ouvre la pièce, du côté de *a* (fig. 247),
sous un angle assez grand et on martèle proprement toutes
les faces des fourches dont il n'y a plus, ensuite, qu'à res-
serrer les branches à la distance voulue.

Arbre coudé (fig. 248). — Les manivelles sont, de préférence, à angle droit, pour le passage des points morts.
Dans ce cas plusieurs moyens sont employés pour les fabriquer. On choisit un fort lopin rectangulaire où, à chaque
bout, on découpe des portions de métal; on pratique aussi
un évidement entre les deux manivelles et on étire d'abord
la partie du milieu, puis chaque extrémité.

A ce moment, on chauffe assez fortement vers le milieu
de la longueur et, en s'arrangeant pour que les autres parties soient à bien moindre température, on fixe solidement
l'une des manivelles; on saisit alors l'autre manivelle avec
des leviers suffisamment puissants et on la place à angle
droit de la manivelle restée immobile.

Ce procédé nécessite que l'on coupe les fibres du fer;
aussi, maintenant, fait-on beaucoup plus usage de marteaux-pilons avec étampes; on dispose d'abord un paquet
que l'on place entre des matrices et que l'on amène de
proche en proche à la forme convenable.

Paquet. — La confection d'un paquet, ou lopin est très
souvent nécessaire dans les forges comportant un pilon;
c'est le moyen de fabriquer un fer de ferrailles et d'utiliser tous les déchets sans valeur, mais qui doivent avoir
à peu près tous une qualité identique; il faut, autant que
possible, que les chutes soient propres et exemptes de
matières susceptibles de former trop de mâchefer; on aura
bien soin de faire un triage méthodique et de rejeter l'acier,

le fer brûlé, les métaux tels que cuivre, étain ou plomb, même en parcelles très ténues. Le procédé est analogue à celui dont la figure 223 nous a montré un exemple.

Sur de fortes tôles ou de larges déchets, on construit à sec un bloc de ferrailles, en prenant la précaution d'enchevêtrer les déchets pour laisser le moins de vide possible, les plus forts à la partie inférieure ; on entoure le tout de tôles minces de rebut et de fil de fer ou de quarillons solidement ligaturés.

Les paquets étant ainsi préparés et de préférence plusieurs consécutivement, on les chauffe au four ou dans un fort feu de forge où on les laisse s'agglutiner au blanc éblouissant fondant ; à cette haute température, on les saisit dans de grosses pinces, manœuvrées mécaniquement sur des chariots ou sur des transbordeurs et on les porte sous le pilon.

On a fait chauffer, indépendamment, au blanc soudant, l'extrémité d'un levier approprié que l'on présente, en même temps que le lopin, à l'action de ce pilon. A petits coups multiples, d'abord, on donne de la cohésion à la masse ; puis on martèle fortement, sans hésiter, afin d'exprimer du bloc les oxydes et les impuretés intérieures qui jaillissent en étincelles de tous les côtés à la fois.

Les pinces ont été retirées et les manœuvres finales ne s'exécutent plus qu'avec le concours du levier adapté au bloom.

Roues. — On prépare d'abord chaque bras en enlevant un peu de métal du côté du moyeu, de façon à donner un léger cône (fig. 249).

A l'autre bout, on pratique un trou, puis une fente longitudinale et on en redresse chaque moitié *a*, qui est destinée à former une portion de jante.

On prépare de la sorte autant de rais qu'en comporte la roue, en terminant en coin le bout *a* ; on range les bras circulairement (fig. 250) et il ne reste plus qu'à souder le tout.

Un cercle en deux parties (fig. 251) tient lieu de tenailles et chaque demi-cercle fait corps avec une tige; en regard des bras on place des coins pour faire un serrage énergique et, près du moyeu, on dispose deux bagues de longueur suffisante à son épaisseur, en-dessus et en-dessous.

On commence par souder ces bagues au moyeu; puis on confectionne successivement la soudure des différentes portions de la jante en ajoutant, selon les besoins, de petits coins dans le vide de chaque joint.

TROISIÈME PARTIE

FONDERIE

—

CHAPITRE PREMIER

FONDERIE ORDINAIRE — GÉNÉRALITÉS

La *Fonte* est un produit livré par la Métallurgie et dans la composition duquel il entre du fer pur et du carbone, ce dernier s'y rencontrant : soit à l'état de graphite disséminé en particules indépendantes dans la masse, soit dissous et combiné.

La *Métallurgie* est l'ensemble des procédés employés pour la transformation des minerais naturels en les divers métaux qu'ils contiennent; dans le cas spécial dont nous allons parler, ce sont les minerais de fer que l'on traite pour en obtenir ce corps et l'amener aux formes sous lesquelles il est réclamé par l'industrie.

Si la Fonte, obtenue dans les *Hauts-Fourneaux*, est utilisée directement à l'affinage, le produit obtenu est du fer ou de l'acier; sinon c'est de la fonte destinée au moulage; par les quelques mots que nous dirons de la Fonderie d'acier, le lecteur se rendra compte de l'un des premiers procédés cités.

Lorsque la fonte provenant du Haut-Fourneau (fig. 252) est coulée aussitôt dans des moules, on dit qu'elle est de *première fusion* et certaines industries importantes en font des consommations considérables : conduites d'eau,

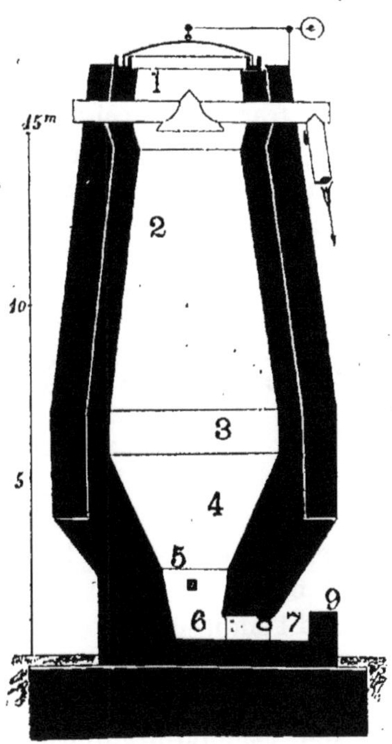

Fig. 252.

colonnes de bâtiment, etc. Les parties successives du Haut-Fourneau s'appellent : *1*, Gueulard ; *2*, Ouïe ; *3*, Ventre ; *4*, Étalages ; *5*, Ouvrage ; *6*, Creuset ; *7*, Avant-creuset ; *8*, Pont de tympe ; *9*, Dame.

Le dessin de cet appareil montre l'un des dispositifs assez nombreux et plus ou moins perfectionnés au moyen desquels le gueulard est fermé ; il permet le chargement et l'étalage des matières, en même temps que de recueillir les gaz qui ont traversé le Haut-Fourneau de bas en haut.

Cette simple observation a lieu d'être faite ici, car nous aurons à revenir sur l'utilisation de ces gaz à propos des *Moteurs à explosion;* autrefois on n'en tirait parti que pour les appareils accessoires d'une usine métallurgique et pour récupérer une fraction de la chaleur qu'ils emportaient dans l'atmosphère; à l'heure actuelle, il est reconnu qu'il y a un bénéfice considérable à s'en servir pour la production de la force motrice.

Fig. 253.

Si la fonte du Haut-Fourneau n'est pas immédiatement moulée sur formes utilisables, on la recueille dans des rigoles, tracées à même le sol et avoisinant le creuset (fig. 253); elle prend l'empreinte de ces rigoles, constituant ainsi les *gueuses,* auxquelles une *seconde fusion* donnera certaines qualités recherchées par l'industrie.

Les Fondeurs sont les ouvriers attachés à cette deuxième opération et la *Fonderie* est le bâtiment où elle s'effectue.

On distingue quatre espèces de fonte dont les différences proviennent surtout de la nature des minerais et du traitement que ceux-ci ont subi :

Fonte noire; elle contient, en général, plus de carbone que les autres; elle n'a pas de cohésion et ne s'emploie pas en fonderie telle quelle; elle ne sert que pour les mélanges et s'ajoute à la fonte blanche ou à la fonte grise, dont elle augmente la teneur en carbone ;

Fonte grise; elle est très résistante et très tenace et c'est à peu près la seule que l'on coule en fonderie; elle se moule bien, se travaille facilement et donne, quand elle est homogène, les meilleurs frottements;

Fonte blanche; cette variété paraît être une combinaison particulière de fer et de carbone dissous dans sa masse; elle est d'une teinte uniforme, très cassante, très dure et se travaille avec difficulté; si on fond la fonte blanche et qu'on la laisse refroidir lentement, on remarque qu'elle tend à se transformer en fonte grise; inversement aussi, une fonte grise *refroidie brusquement* donne quelquefois de la fonte blanche. La fonte blanche ne s'emploie pas dans les moulages; elle est réservée à la fabrication des fers.

Fonte truitée; celle-ci est un mélange de fonte grise et de fonte blanche et elle participe des deux; on l'emploie dans certains cas où l'on veut de bons frottements, par exemple pour quelques cylindres.

Ces fontes ne se laissent pas forger; cependant la *fonte malléable*, obtenue en recuisant des pièces de mélanges dosés de fonte blanche et grise avec des matières désoxydantes, telles que le sesquioxyde de fer, l'hématite rouge, etc., se forge et se redresse assez bien, à chaud, comme le fer.

La fonte de fer a des avantages sensibles sur les autres métaux : sa dureté fait qu'on peut l'employer à fabriquer des objets où la résistance est nécessaire; elle est plus réfractaire que les alliages de plomb et d'étain; elle devient plus fusible, par la fusion, que la plupart des autres métaux usuels; elle prend aussi moins de retrait et permet d'obtenir des empreintes plus délicates que le bronze lui-même, qui est plus pâteux. C'est enfin un métal très économique.

Un autre caractère de la fonte, c'est qu'elle *augmente* de volume en passant de l'état liquide à l'état solide, et l'on peut, à cet égard, citer l'expérience d'un boulet de fonte surnageant à la surface d'un lit de fusion.

La densité de la fonte est de 7,2 environ ; un cube de fonte ayant 10 centimètres sur chaque dimension pèse de 7 kil. 200 à 7 kil. 300.

Les qualités à rechercher pour une bonne fonte de moulage sont :

Pouvoir être très fluide et se solidifier le moins vite possible, afin que les moules aient le temps d'être bien uniformément remplis ;

De ne pouvoir séparer beaucoup de graphite au moment de la solidification ;

De ne pas avoir trop de retrait ;

De ne pas présenter de soufflures ou de bulles, non plus que des inégalités à la surface ;

D'être homogène, compacte et suffisamment tenace ; enfin de n'être ni dure ni aigre, pour qu'on puisse la travailler à l'outil lorsqu'on ne l'emploie pas à l'état brut.

Quoi que l'on fasse, il faut toujours compter qu'avec cette matière, il se rencontrera des parties plus dures, des *grains* irrégulièrement disséminés, susceptibles d'ébrécher les outils ; le travail exigera, par conséquent, une surveillance plus grande.

D'après cela, on doit choisir pour la fonderie des fontes grises moyennes et des fontes truitées.

On a observé un singulier phénomène que provoque le *recuit* dans la fonte : si l'on chauffe un morceau de fonte au rouge et qu'on maintienne la température pendant un temps convenable, puis qu'on le laisse refroidir très lentement, on s'aperçoit que le métal a conservé sa dilatation, en tout ou en partie, qu'il s'est produit un arrangement particulier de ses molécules et que la densité a diminué. C'est là le recuit de la fonte, dont on peut facilement constater les effets sur les barreaux des grilles de chaudière, par exemple : ceux-ci sont plus longs quand ils ont servi que quand ils sont neufs ; cette propriété peut être avantageusement utilisée pour modifier légèrement les dimensions d'une pièce dont le poids reste invariable.

Toutefois il faut ajouter qu'en répétant plusieurs fois cette opération, le métal perd de sa ténacité, devient poreux, cassant, et constitue, en somme, la fonte brûlée.

La fonte liquide, versée dans un moule, se refroidit d'abord en se contractant avant que la température descende jusqu'au point de fusion ; c'est au moment de la solidification qu'il y a une dilatation brusque, analogue à celle de la glace qui fait prise ; le *retrait* est la différence entre le volume de la pièce froide et celui au moment de la solidification.

Pour la fonte grise, on adopte un retrait linéaire de un centième, et pour la fonte blanche deux centièmes à trois centièmes.

Nous avons dit qu'en refroidissant vivement la fonte grise, il était possible de la faire blanchir ; c'est dans ces conditions que l'on trempe la fonte, en la coulant dans des vases à parois métalliques durcissant la surface des pièces, mais conservant, à l'intérieur, la ténacité de la fonte grise d'origine.

Il est très important de veiller à ce que le refroidissement de la fonte ait lieu lentement ; des pièces homogènes ne s'obtiendront qu'avec un refroidissement lent et très uniforme dans toutes les parties.

Défauts de la fonte. — Ils sont au nombre de six : *Soufflures* : elles proviennent de bulles d'air intercalées, emprisonnées dans la masse et qui n'ont pu s'échapper au moment de la coulée ; il est à remarquer qu'elles se portent vers la partie supérieure, où on les rencontre presque toujours ; on y remédie par les *évents* du moule. Mais elles peuvent aussi avoir pris naissance d'un moule trop humide, produisant de la vapeur d'eau.

Si les soufflures sont trop nombreuses, il vaut mieux rejeter la pièce qui offre, en ce cas, peu de solidité; on reconnaît les soufflures en frappant avec un marteau; le son est mat;

Piqures : ce sont de petites soufflures disséminées dans toute la masse;

Retirures : fentes provoquées par le retrait, lorsque

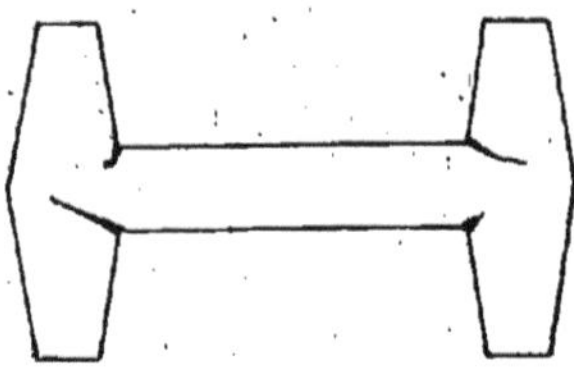

Fig. 254.

l'on coule la fonte trop chaude; elles ont lieu principalement dans les angles intérieurs et constituent un très grave défaut (fig. 254);

Dartres : elles sont dues à des parties de sable du moule qui s'en détachent au moment de la coulée, mais ne diminuent en rien la solidité de l'objet;

Bosses : c'est le sable, insuffisamment foulé, qui plie, en certains endroits, sous le poids de la fonte; la qualité de la pièce n'en souffre pas; c'est, toutefois, une dépense de travail supplémentaire par la suite;

Gouttes froides : elles proviennent d'une fonte ou coulée trop froide ou versée dans un moule froid et qui se solidifie alors à son contact; on aperçoit des stratifications successives, des stries qui doivent faire rejeter la pièce.

Formes à donner aux pièces. — Il faut éviter de donner, aux objets en fonte ordinaire, des formes trop déliées; quand une pièce a, surtout, des parties minces et des parties épaisses, une rupture est possible pendant le refroidissement même; on prend en ce cas la précaution de couvrir ces parties minces. Il faut aussi éviter les angles rentrants sans congés d'amortissement; ce sont des endroits de plus faible résistance.

Il faut, pour mouler, préparer un creux d'après un *modèle* façonné en calculant le gonflement du métal au mo-

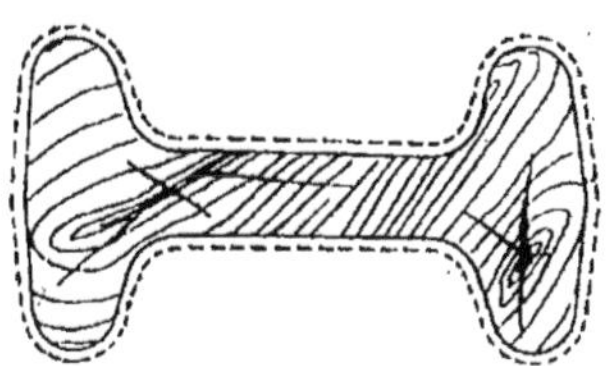

Fig. 255.

ment du refroidissement (fig. 255). Les modèles se font en bois, en zinc, en plâtre, etc.; le raccordement, aux changements de sections, doit se faire par des congés suffisants, surtout dans les angles rentrants; on évitera également, autant que possible, que le sable du moule empêche le retrait de se produire.

Le moulage est encore plus délicat lorsque l'on doit tremper certaines parties; aussi pour ces moulages spéciaux use-t-on de différents tours de main : au lieu de refroidir à l'air, on coule dans des moules à surfaces métalliques un peu chauffées à l'avance ou par l'intérieur; quand la fonte s'est solidifiée, on prend la pièce à la plus haute température possible et on la porte dans un puits à parois rouges où le tout se refroidit à la fois, lentement.

Corps étrangers. — Le *soufre* a une action fâcheuse sur la fonte du moulage aussi bien que dans toutes les opérations métallurgiques, ainsi que nous le verrons dans la suite; celle-ci n'est pas aussi fluide et elle est disposée à s'offrir aux soufflures; en outre, elle a tendance à prendre une *peau* blanche.

Les *fontes phosphoreuses* sont très fluides; on les emploie avec avantage pour les moulages d'ornements ou les pièces délicates, mais c'est au détriment de la ténacité.

La *silice* (sable) rend la fonte très cassante; même avec des allures de fourneaux très chaudes, on n'a que des fontes de médiocre ténacité; on la recherche, au contraire, dans la fonderie d'acier, mais pour d'autres motifs.

Le *cuivre*, en très légère proportion, donne à la fonte la propriété de se bien couler et de se bien polir.

Le *manganèse*, le *tungstène* et autres métaux rares, alliés à la fonte en petite quantité, la rendent plus tenace mais avec une tendance à blanchir. Nous savons (*Machines-Outils*) quel parti on a tiré de leurs combinaisons avec la fonte, pour obtenir des qualités d'aciers recherchées.

Fusion de la fonte.

La *deuxième fusion* de la fonte est nécessaire pour une foule de raisons; dans la première fusion, on ne peut, en effet, complètement répondre de la nature du métal; on ne peut, non plus, dans la même journée, produire des fontes de qualités variées; enfin le haut-fourneau est de production limitée et ne fournit pas des quantités importantes d'un seul coup; cela oblige à refondre au *gueuset*.

En seconde fusion, au contraire, les mélanges dosés sont possibles et l'on est ainsi maître de la qualité et de la nature de fonte convenant à toute fabrication ultérieure; les quantités de fonte traitée par opération sont beaucoup plus fortes qu'au haut-fourneau ; enfin un gueuset s'installe partout, à peu de frais, et travaille au besoin sans arrêt.

Il existe trois méthodes de liquéfaction de la fonte pour la deuxième fusion : *creusets, cubilots* et *fours à réverbère*; la fusion au creuset est à peu près abandonnée ; celle au cubilot est presque uniquement employée ; quant à celle dans le four à réverbère, elle est réservée pour des cas trop spéciaux pour arrêter notre attention, tels que cylindres de laminoirs, pièces lourdes et tenaces, etc. ; nous ne la décrirons en son temps qu'en quelques lignes, au titre rétrospectif seulement, en raison de ce qu'elle a été le point de départ des procédés de fabrication d'acier sur sole.

Sauf pour la bijouterie de fonte, la *fusion au creuset* peut être considérée comme fonderie de campagne : on met, dans un creuset en argile réfractaire, 20 à 25 kilos de fonte cassée en petits morceaux et l'on chauffe dans un four à vent; ce creuset sert cinq ou six fois; un déchet se forme au fond et la consommation de coke varie de 100 à 200 kilos pour 100 kilos de fonte produite.

Fusion au cubilot. — Le *cubilot* est un appareil à axe vertical dont le bas est constitué par un creuset ou *cuve* soufflé; il est enveloppé de tôle ou de fonte et garni, intérieurement, d'une chemise réfractaire qui n'est, quelquefois, tout simplement faite que d'un pisé réfractaire battu tout autour. La *sole* est en sable réfractaire ; le *gueulard* est garni d'un encadrement en fonte; au-dessus, on peut mettre une cheminée, portée sur colonnettes et formée de briques ou de tôle doublée de briques réfractaires.

La porte du bas est bouchée par un tampon en tôle maintenu par une traverse ; elle est percée d'un *trou de coulée.*

Il peut y avoir un ou deux étages de tuyères prenant le

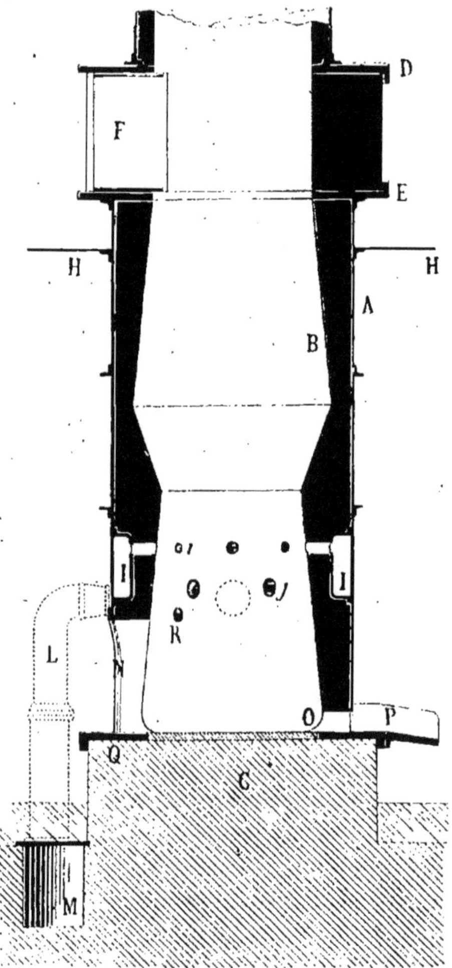

Fig. 256.

vent dans une ceinture, au-dessus de la porte, où il arrive
par une ou plusieurs tubulures latérales ; on surveille
l'opération par un petit regard, mais il est préférable de

pouvoir observer la surface du bain de fusion par une série de meurtrières que l'on garnit de verres de couleur, pour protéger la sensibilité de la vue.

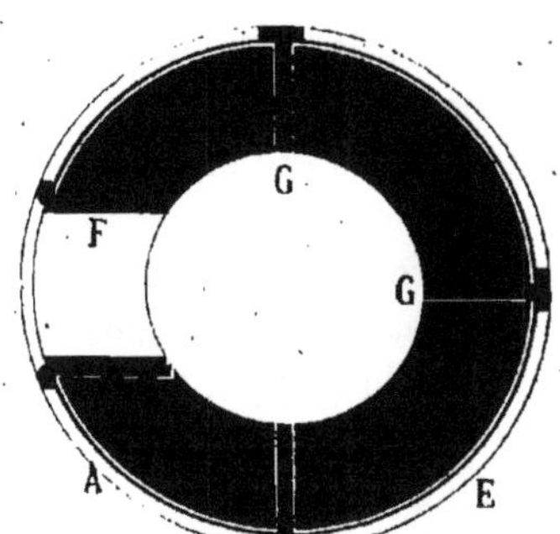

Fig. 257.

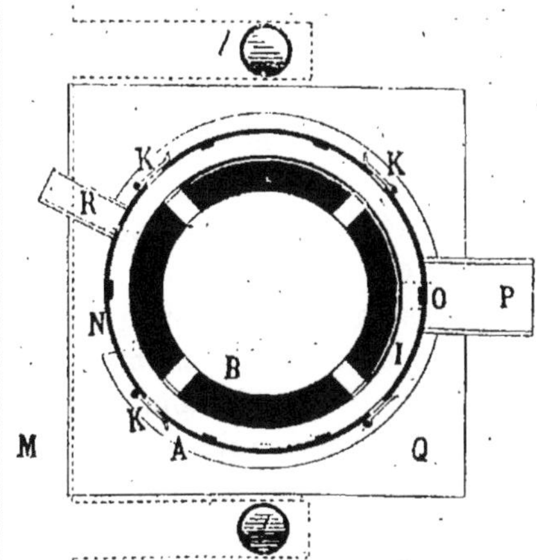

Fig. 258.

Quand, après sa construction ou une réparation, la maçonnerie est sèche, on allume un petit feu de copeaux et de bois léger pour échauffer graduellement l'appareil, en laissant tout ouvert.

Le fonctionnement du fourneau commence en fermant la porte, garnie de sable, et en mettant les tuyères en place ; puis le creuset est rempli de coke ; au-dessus on range des couches alternatives de coke et de fonte concassée dont l'épaisseur varie selon le cubilot: ce réglage est affaire d'expérience de l'appareil, et ne peut résulter que des observations auxquelles il a été soumis en cours de fonctionnement.

On donne alors le vent et on laisse l'opération continuer, en ayant soin de décrasser les scories ou les mâchefers, coke ou cendres qui s'échappent sur le côté, par un trou placé un peu plus haut que le niveau maximum qu'atteint la fonte à l'intérieur du creuset.

Le métal fondu s'emmagasine dans le bas en plus ou moins grande quantité; on en soutire ce dont on a besoin par le trou de coulée en enlevant le bouchon qui l'obstrue, et on le recueille dans des poches que nous décrirons plus loin.

Lorsque la coulée est terminée, on laisse descendre les charges, de sorte qu'à la partie inférieure du cubilot il s'agglomère un pâté de scories et de coke ; on peut, pour s'en débarrasser, ou bien ouvrir la porte de poitrine, ou bien disposer une sole à bascule, ce qui est préférable, car l'incandescence de ce magmat est ainsi éteinte dans une fosse remplie d'eau, et elle n'incommode pas les ouvriers, non plus que les poussières qui en résultent.

La fonte grise fond vers 1.200° ; en théorie, 1 kilo de coke est suffisant pour liquéfier 25 kilos de fonte, en supposant les calories du combustible complètement utilisées à cette fusion.

Mais les choses sont loin de se passer ainsi ; le coke n'est d'abord pas complètement transformé, par le vent, en acide carbonique ; il s'échappe en oxyde de carbone pour une forte proportion et, dans les cubilots perfectionnés, on dépense encore 12 à 15 kilos de coke par 100 kilos de fonte, en supposant, bien entendu, que le vent ne soit pas chauffé.

Les pertes de chaleur sont, en outre, celles par les parois ; elles sont d'autant plus importantes que le revête-

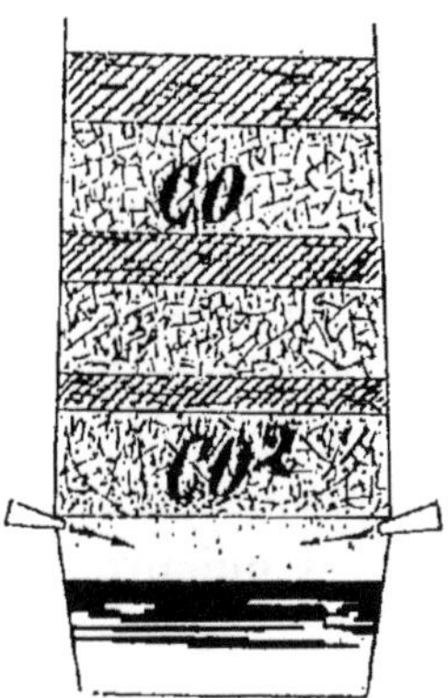

Fig. 259.

ment est plus mince ; celles par les scories ; les gaz du gueulard emportent aussi une quantité de calories, inversement, fonction de la hauteur du cubilot.

Les phénomènes principaux qui ont lieu dans le cubilot, sous l'influence du ventilateur, sont ceux-ci : devant les tuyères (fig. 259), il existe une zône où la température est relativement peu élevée ; au-dessus, il se forme uniquement de l'acide carbonique (CO^2), à cause de l'excès d'air ; c'est la partie la plus chaude du cubilot ; mais, à une certaine distance plus haut, l'air et l'acide carbonique viennent au contact du coke incandescent et, en le transformant partiellement, en font de l'oxyde de carbone (CO) ; il en résulte, de ce fait, un abaissement de température ; quoi qu'on fasse donc, il y aura toujours une proportion importante d'oxyde de carbone, c'est-à-dire de charbon incomplètement brûlé, qui passera dans les gaz du gueulard.

Avec des combustibles poreux, cet effet s'accentue encore ; car les pores ont la propriété de carburer plus facilement les gaz ; aussi a-t-on remarqué que la consommation des cubilots au charbon de bois est plus importante que celle avec des combustibles plus denses.

On a bien eu l'idée de régénérer l'acide carbonique en établissant une seconde série de tuyères à une plus grande distance ; on arrive à un résultat convenable par tâtonnements ; ce soufflage est délicat, malgré les registres et papillons interposés sur les tuyères.

Nous donnons, ci-avant (fig. 256, 257, 258), les dimensions principales d'un cubilot où la consommation du coke, y compris l'allumage, est de 12 à 15 kilos par 100 kilos de fonte traitée, et qui produit 6 tonnes environ à l'heure.

A Enveloppe extérieure en tôle et cornières (fer) ;
B Chemise (terre réfractaire) ;
C Massif de maçonnerie (briques) ; -
D Couronne supérieure (fonte) ;
E Couronne inférieure (fonte) ;
F Support de réunion des couronnes (fonte) ;
G Montant (fonte) ;
H Plancher (fer ou fonte) ;
I Conduite circulaire de vent (fonte) ;
i 8 petits trous pour l'entrée du vent ;
j 4 grands trous pour l'entrée du vent ;
K 4 regards avec verre de couleur (fonte) ;
L 2 buses (cuivre rouge) ;
l Supports de buses (fonte) ;
M Caniveaux de circulation générale ;
N Porte et conduit de décrassage ;

O Trou de coulée ;
P Conduit de coulée (fonte) ;
Q Plaque de fondation (fonte) ;
R Trou de laitier.

La distance, entre les tuyères, varie de 0 m. 50 à 0 m. 70.

Le travail du cubilot est très rarement continu. La nature du coke employé est intéressante à étudier, car la fonte éprouve un déchet d'autant plus grand que le coke contient plus d'impuretés qui, en se scorifiant, entraînent plus ou moins de métal (2 à 15 pour 100).

Dimensions générales des cubilots. — La hauteur varie de 2 à 6 mètres ; le diamètre aux tuyères est déterminé par le volume à produire dans un temps donné : ainsi, pour un cubilot recevant le vent d'un ventilateur, on adopte 0^{m}40 ; avec un seul étage de tuyères et un diamètre de 0^{m}60, on fond 3.000 kilos à l'heure ; dans d'autres de 1^{m}20 de diamètre à cet endroit, on atteint 5 à 6 tonnes.

On a essayé de perfectionner le profil du cubilot ; mais on n'y a que peu réussi ; la forme la meilleure est une cuve presque cylindrique, car elle contient plus de métal ; on surmonte ce creuset d'un tronc de cône qui fait un peu office de réverbérateur ; au-dessus, un tronc de cône qui pousse les charges vers le centre ; la partie haute, cylindrique.

Le point important, en fonderie, c'est que l'on puisse produire et emmagasiner un volume de métal en fusion suffisant pour couler les plus grosses pièces d'un seul coup ; dans cette intention, on a construit des cubilots ayant jusqu'à 3 mètres de diamètre et 16 mètres de hauteur et produisant d'un coup plus de 200 tonnes dans le creuset. Dans une autre combinaison, on fondait d'abord jusqu'au premier étage de tuyères, que l'on obstruait à ce moment ; puis on soufflait par celles de l'étage supérieur, mais c'était mauvais puisqu'on diminuait la hauteur utile.

On a encore eu l'idée de faire un avant-creuset (fig. 260), servant de réservoir, où se trouve le trou de coulée ; mais

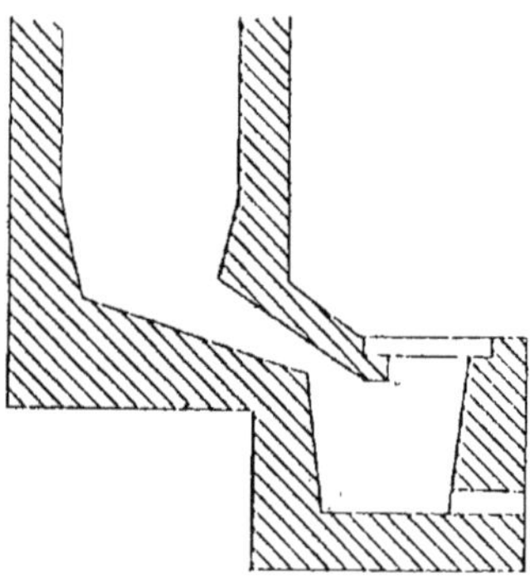

Fig. 260.

c'est encore pire, malgré la moindre dépense de coke, la fonte ne peut rester bien longtemps suffisamment chaude et liquide dans ce réservoir ; en outre elle y est mélangée aux impuretés du combustible.

Le tirage naturel, l'injection de vapeur et le chauffage du vent (pour le service spécial du cubilot) n'ont pas donné de grands bénéfices sous le rapport de l'économie du combustible directement nécessaire.

Pression du vent. — La pression du vent, dans les cubilots courants, varie de 0^{m}15 à 0^{m}35 d'eau, soit 1 à 2,5 centimètres de mercure ; avec le charbon de bois, il faut une plus forte pression : 5 à 6 centimètres de mercure.

Le volume d'air dépend essentiellement de la quantité de combustible et de coke ; il est d'environ 50 à 75^{m3} d'air par 100 kilos de fonte et par heure.

Fours à réverbère (fig. 261). — Leur sole est inclinée ou concave ; il existe deux trous, l'un pour la coulée et l'autre pour les scories ; ces fours travaillent de façon intermittente; ils sont surmontés d'une haute cheminée enlevant les gaz de la combustion produits sur la grille.

La sole se refait complètement après chaque opération; on y charge les gueuses en lits perpendiculaires et, lorsque leur fusion commence sous l'action de la chaleur dégagée par le foyer, le métal se ramollit et on le brasse.

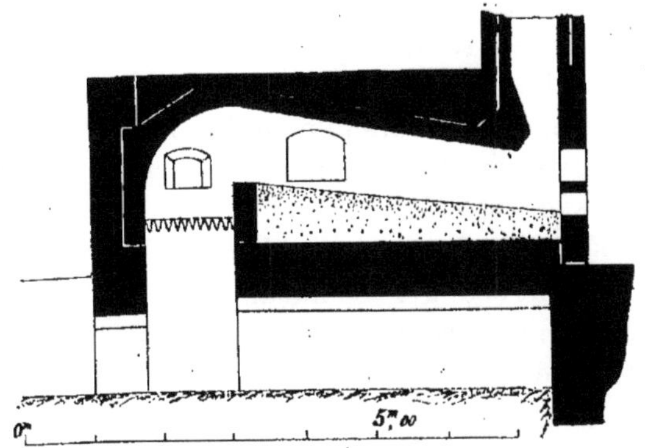

.Fig. 261.

On y brûle de la houille : 50 à 60 kilos par 100 kilos de fonte; dans des fours bien construits on est descendu à 30 kilos; le déchet de fonte est plus fort qu'au cubilot. Une forte proportion de calories est entraînée dans la cheminée, et une autre quantité considérable par le rayonnement des parois.

On n'emploie pas de soufflerie et, bien que sa construction soit simple et qu'il puisse brûler tous combustibles, le four à réverbère n'est appliqué qu'exceptionnellement, et encore parce qu'il est susceptible d'emmagasiner un grand volume de fonte en fusion; on n'y peut puiser le métal d'une façon continue comme avec le cubilot. Le lecteur verra plus loin, à propos de la *Fonderie d'acier*, quels importants services les fours à réverbère ont, moyennant quelques modifications, rendus à l'industrie de ce métal.

Mélanges de Fontes. — Ils sont très usités lorsque l'on se propose d'obtenir des qualités de fontes répondant à de certaines conditions : ténacité, résistance à la flexion et au choc, douceur à l'outil, facilité de prendre des empreintes, etc.

Le chef de fabrication doit, dans chaque cas, se préoccuper aussi de la grosseur et de la forme des pièces; mais là, l'expérience peut seule le guider.

Il est d'ailleurs rare que l'on refonde une fonte d'une seule espèce, surtout lorsqu'on a des déchets de fabrication à utiliser; on casse les gueuses en morceaux, soit à la masse, soit au *casse-fonte.*

Le cubilot offre l'avantage qu'en cours de coulée, on peut très facilement changer les mélanges ou leurs proportions; on ajoute même parfois des riblons de fer ou d'acier, qui rendent le métal plus ferreux et plus résistant.

Confection des moules.

Le *moule* représente exactement en creux la forme des objets qu'il s'agit d'obtenir; ils sont confectionnés avec diverses matières ou selon des procédés pour lesquels le mode de travail n'est pas le même.

On peut mouler, en effet, en :

    Sable maigre, *sable vert;*
    Sable maigre *séché;*
    Sable gras, *sable d'étuve;*
    Terre;
    Coquille.

On fait d'ailleurs aussi usage des *moulages mixtes.*

Sable vert. — Le sable maigre (quartzeux) ne doit contenir ni trop d'argile ni trop de calcaire; l'argile le rendrait trop massif et, avec le calcaire, il serait fusible et boursoufflerait. Toutefois sa cohésion doit être telle qu'étant un peu humecté, il fasse pelote.

Il faut qu'il soit suffisamment poreux pour laisser échapper l'air et les gaz.

Le sable de mer ne vaut rien; celui de rivière est, en général, trop maigre; c'est donc le sable de carrière qu'il faut préférer (sable à lapins). Quand on n'en trouve pas de convenable, on peut ajouter au sable très maigre une faible proportion d'argile répartie uniformément dans toute la masse.

Il est bon d'ajouter, au sable neuf, 1/2 et même 3/4 de vieux sable; d'autres fois, quand le sable n'est pas assez poreux, on y mêle du *poussier minéral* (houille pure broyée et tamisée) dans la proportion de 10 à 20 pour 100; en cet état, il colle alors moins à la fonte.

Quoi qu'il en soit, il doit être très homogène, qualité qu'on lui fait acquérir par une série de manipulations mécaniques qui lui donnent du grain et de la plasticité.

Malgré sa bonne qualité, on ne laisse cependant pas la fonte venir au contact de ce sable; on saupoudre la surface de différentes matières en poussière, généralement du charbon de bois en farine (*poussier végétal*); dans quelques fonderies on fait usage de fécule de pommes de terre, de talc pulvérisé.

Cette précaution, avec le sable vert, n'empêche pourtant pas les pièces de fonte d'avoir une croûte, plus dure qu'à l'intérieur, mais dont la cause est, principalement, le refroidissement et l'action de l'air.

Sable séché. — Il est analogue au précédent, mais cependant plus liant, et contient moins de vieux sable et de poussier minéral; on le tasse un peu plus et on sèche les moules au préalable; le poussier végétal n'y adhère pas et on doit le garnir d'une sorte de *badigeon* liquide composé d'eau, de poussier et d'argile.

Sable gras. — C'est un sable argileux très liant; on n'y ajoute presque pas de poussier minéral, sauf pour des moules de grandes dimensions ; il faut dessécher fortement le moule, même le cuire légèrement, pour qu'il ne se détériore pas ; la proportion de silice doit, toutefois, être suffisante, pour qu'il ne se produise ni retrait ni fissures lors de ce surchauffage.

Afin d'augmenter le liant, les ouvriers ajoutent environ 10 pour 100 de paille ou de bouse de vache ; ces matières, en se carbonisant, forment une sorte d'ossature feutrée.

On chauffe les moules à haute température dans des étuves et on les revêt, ensuite, de badigeon.

Moulage en terre. — Il se fait avec une argile qui doit être fine, assez poreuse au passage des gaz et prendre peu de retrait à la dessiccation ; les mouleurs fabriquent eux-mêmes leur terre.

Elle ne doit pas être trop compacte : les pièces présenteraient des soufflures résultant de l'emprisonnement des gaz et de l'air ; si cette terre avait trop de retrait, elle provoquerait des fissures laissant échapper le métal.

Moulage en coquille. — Le moule est métallique, généralement en fonte ; il est surtout employé pour d'autres métaux que le fer ou lorsque l'on veut obtenir des objets dont les surfaces soient dures et bien propres.

Moulage mixte. — Ce sont des moules formés partie en sable, et partie en métal ou en terre.

Noyaux. — Les portions des objets qui sont environnées de fonte liquide, ou *noyaux*, doivent être particulièrement soignées ; pour réserver ce vide, on confectionne un volume de tous points analogue avec un sable ressemblant au sable d'étuve, mais plus poreux encore ; ces noyaux se font aussi en sable gras et on les recuit fortement avant de les mettre en place.

Outillage du mouleur. — Le petit matériel de fonderie

est assez primitif : tamis plus ou moins fins pour saupoudrer les moules ; soufflets pour chasser l'excédent de poussier ; brosses, pinceaux, pour répartir le poussier ou le badigeon ; spatules et couteaux pour tailler et façonner le sable ; lampes servant à l'éclairage de toutes les parties dans l'obscurité, etc.

Le moule étant, la plupart du temps, le résultat de l'empreinte d'un modèle, ce modèle doit, à cause du retrait, posséder des dimensions plus grandes ; aussi est-il ouvré en réglant ses dimensions avec un mètre de modeleur, ayant 101 centimètres pour 100 divisions, comme on l'a vu précédemment.

Il est nécessaire également d'avoir des clous de maintien pour le sable, et des dames de divers poids pour le tasser, afin qu'il se bande fortement contre les châssis.

Matériel de fonderie. — L'appareil le plus utile dans une fonderie, c'est le châssis et les ateliers de seconde fusion un peu importants en possèdent un tel nombre de toutes formes et de toutes proportions, qu'ils occupent une superficie appréciable de l'usine, à couvert ou dans les cours de préférence.

Châssis. — En principe, ce sont des cadres enveloppant le modèle sur tout ou en partie de son volume et maintenant le sable dans lequel il est incrusté ; ils se font, le plus généralement, en fonte, car c'est la matière la mieux appropriée au genre de l'industrie et qu'on sait le mieux plier à toutes les exigences qui se présentent ; mais il s'en fait aussi en fer profilé et en bois (telle la casserie).

Eu égard à la variété de leurs emplois multiples, ces cadres ont donc des formes et des dimensions qui échappent à toute classification ; leur comptabilité doit cependant être parfaitement à jour dans les usines bien ordonnées. Ils sont rectangulaires, carrés, polygonaux, en secteurs de cercle, etc., selon les formes générales de l'objet à mouler.

Ils sont, le plus ordinairement, munis de poignées pour la facilité de la main-d'œuvre; ces poignées, en fer, sont posées de fonte sur le moule du châssis (fig. 262-263); les traverses du châssis peuvent être simplement dans un sens (fig. 262-263) ou en quadrillage (fig. 264).

On choisit, bien entendu, le châssis qui se rapproche le plus des contours de la pièce à obtenir.

Souvent on est dans la nécessité de superposer deux ou plusieurs châssis qu'il est, dès lors, indispensable de raccorder; on fait alors usage de goujons de mouleurs (fig. 265-266), guidant verticalement les châssis avec le plus d'exactitude possible.

S'il arrive que les châssis soient trop lourds pour être portés à bras, étant remplis de sable, on place, au lieu de poignées, des tourillons en fer par lesquels on les suspend aux grues et chariots transbordeurs de l'atelier (fig. 267).

Quand les châssis sont en bois (fig. 268), on rapporte grossièrement des languettes sur l'un d'eux, et des rainures correspondantes sur le second, avec des crochets et pitons de maintien.

Il se construit également (fig. 269) des châssis en fer profilé dont les angles sont ou assemblés par tenon et mortaise, ou rivés sur les abouts en excédent, ou repliés et forgés. Les nervures de la face intérieure ont pour rôle de retenir fortement le sable du moule.

Moulage. — Cette opération consiste à préparer, en creux, un volume identique à celui de la pièce et que la fonte viendra occuper quand on l'y coulera fluide; il faut, par conséquent, confectionner ce moule pour qu'il réponde de tous points à chacune des circonstances qui accompagnent l'arrivée d'un liquide à aussi haute température au sein d'espaces relativement froids.

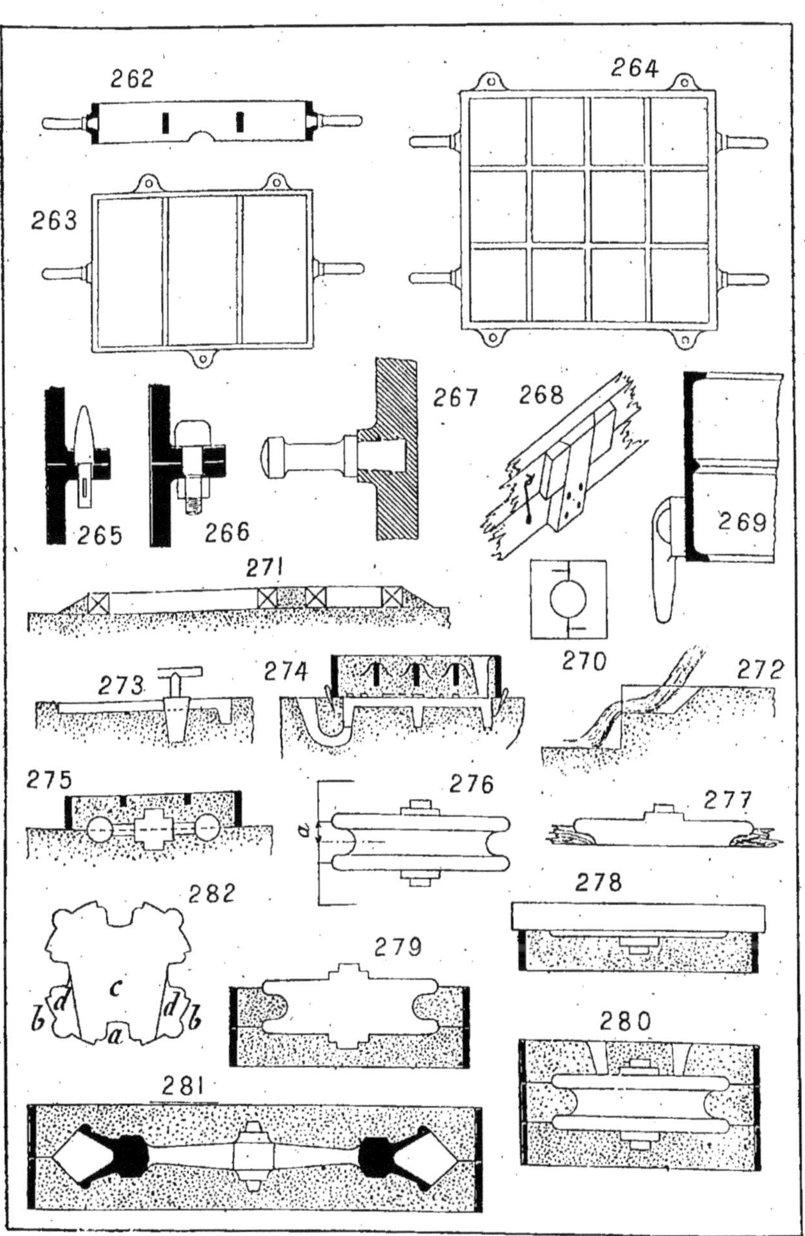

Fig. 262 à 282.

III. — *Forge et fonderies.*

5

Si, par exemple, il doit exister un noyau, on sera obligé de réserver des portées pour le soutenir; souvent encore, ce noyau nécessitera, par ses formes ou ses dimensions, d'être moulé, lui-même, sur un modèle spécial (fig. 270).

Pour des *tuyaux* ou des *colonnes creuses* en seconde fusion, par exemple, où les noyaux sont relativement très gros, on les façonne avec une carcasse métallique et du bourrage; ils prennent alors la désignation de : *lanternes* (voir plus loin).

Pour verser la fonte, plusieurs moyens sont employés que nous examinerons par la suite; mais, pour qu'on puisse l'introduire jusqu'au vide intérieur du moule, on dispose une ou plusieurs ouvertures, appelées *trous de coulée*, qu'il est indispensable de tenir temporairement fermées avant que le jet y soit introduit, afin qu'aucune poussière ou qu'aucun corps étranger n'en vienne occuper une partie ou même en détruire l'ordonnancement.

On peut y placer des chevilles en bois ou des tampons d'autre matière, que l'on retire au dernier moment.

Il faut aussi ménager des évents dans tous les endroits par où l'air et les gaz qui résultent du contact de la fonte en fusion avec des surfaces plus ou moins humides, sont obligés de s'échapper; aucune règle générale ne peut être indiquée pour ce choix, dont les ouvriers mouleurs ont le sentiment, en raison de leur expérience de l'échappement des gaz formés dans la masse d'un sable qu'ils ont, eux-mêmes, manipulé.

Le moulage peut se faire, à découvert, sur le sol même de l'usine qu'il faut préparer à cette destination; on tasse convenablement du sable vert sur une épaisseur d'environ 0^m70; on le règle bien par un niveau à bulle d'air de façon à avoir une surface plane et horizontale.

S'il s'agit, par exemple (fig. 271), de couler des plaques, on en limite les rebords au moyen de règles, qui, de plus, peuvent porter des empreintes ; on bat du sable contre ces règles et on le maintient en enfonçant des clous.

Lors de la coulée, il faudra prendre la précaution de ne pas faire tomber la fonte à l'endroit de la plaque, mais bien dans une coulotte adjacente (fig. 272).

Lorsque l'on désire une nervure, on enfonce la réglette-modèle à petits coups de maillet, peu à peu ; non seulement le modèle doit avoir de la dépouille, mais il faut, pour démouler, y agencer des poignées et, après avoir *déhoché* avec soin, l'enlever bien verticalement et lentement (fig. 273).

D'autres fois, les modèles sont faits par parties démontables.

Un procédé de transition entre le moulage à découvert et le moulage en châssis est représenté par la figure 274 ; on peut l'employer, par exemple, pour le moulage de plaques avec empreintes de lettres ou de dessins quelconques, en relief ou en creux.

Un petit volant à main se moulerait de la même façon sur chantier (fig. 275) et, pour des pièces en série qu'un châssis un peu long viendrait recouvrir par plusieurs à la fois, la même méthode peut s'appliquer ; mais certains fondeurs préfèrent se servir de deux châssis conjugués, à cause de la facilité de rangement avant la coulée.

Un exemple d'application de trois châssis (fig. 276 et autres), alors que le modèle est formé de deux moitiés démontables seulement, est celui d'une *poulie à gorge*. On commence par engager l'une des parties dans une planche entaillée en conséquence sur l'épaisseur a (fig. 277) au point où la dépouille se termine ; puis on la retourne et on moule cette partie de poulie dans le châssis inférieur, en arrasant exactement le sable (fig. 278). Après avoir retiré la planchette, on choisit un deuxième châssis dont la hauteur $2\,a$ soit égale à la distance entre les deux cordons, et on tasse convenablement le sable dans la gorge du modèle complet, pour qu'il emboîte et retienne bien le modèle, dont chaque moitié peut ensuite être détachée pour se dégager du sable ; les surfaces sont, toujours, soigneusement arrasées (fig. 279).

Enfin on confectionne le troisième châssis, les deux autres étant en place et contenant toujours le modèle entier (fig. 280), et on y ménage des évents ; le trou de coulée est, généralement, placé au centre.

Il est nécessaire de lisser les plans de contact avec de la farine de poussier (contenue dans un petit sac à travers lequel elle tamise).

Pour démouler, on soulève d'abord le châssis supérieur et on retire une des moitiés du modèle ; on remet le troisième châssis en place ; on retourne tout l'ensemble pour que le châssis du dessous vienne en dessus, et on recommence les mêmes opérations que précédemment pour celui-ci, afin de dégager la seconde partie du modèle.

Cependant cette méthode est longue ; nous ne l'avons exposée que comme exemple d'utilisation de trois châssis et on l'abrège par le tour de main ci-après : avec deux châssis (fig. 281) on confectionne une première moitié tout entière, mais sans la planche à entaille, en remplissant de sable jusqu'à niveau du châssis inférieur ; on creuse ensuite, avec un couteau, tout autour du modèle, pour le dégager à hauteur de la dépouille ; on lisse et on saupoudre la partie tronconique ainsi formée. On procède alors à la formation d'un anneau en sable, lissé tout autour de la poulie ; puis l'ouvrier mouleur bat du sable, sur cet anneau, dans le deuxième châssis et il démoule, enfin, comme précédemment.

Cette pièce intermédiaire s'appelle une *pièce battue*.

Dans certains cas, cette pièce battue est assez consistante pour qu'on puisse l'enlever et la manipuler sans trop de difficulté pour la remettre en place ; mais ces pièces battues sont, souvent, coûteuses, et l'on hésite à recommander cette méthode lorsqu'il ne s'agit que de faire l'économie d'un châssis.

S'il y a lieu de l'appliquer au moulage d'une *colonne cannelée* telle que celle qui a la section de la figure 282, on exécute d'abord, avec le modèle entier, les surfaces *a* et *b*; la partie inférieure de ce modèle se démonte en trois parties s'emboîtant exactement l'une sur l'autre. Puis on bat du sable dans les cannelures latérales, en le lardant de pointes pour maintenir convenablement en place les pièces rapportées du fond des cannelures, et on termine la colonne comme à l'ordinaire.

Pour démouler, on retire la partie supérieure, ce à quoi se prêtent les profils en dépouille; on enlève ensuite le milieu *c*, à entrée conique sur les pièces *d*, et enfin celles-ci, auxquelles on a réservé suffisamment de jeu dans cette intention.

Étuves. — Le plus ordinairement, les moules en sable séché s'étuvent dans une chambre en briques voûtée et fermée par une porte; elle est garnie, sur les côtés, d'étagères mobiles où l'on dispose les moules. Le service se fait au moyen d'un robuste chariot en fonte, qui circule au milieu et reçoit les piles de moules à étuver, que l'on retire ensuite au dehors.

On chauffe graduellement avec de la houille ou du coke, parfois avec des gaz chauds quand on en a à sa disposition.

Calibres à trousser. — Le moulage en terre se pratique d'une façon un peu différente des opérations ci-dessus; prenons comme exemple simple le moulage d'une *calotte sphérique* (fig. 283.)

On creuse, en premier lieu, une fosse assez large et profonde dans le sol de l'atelier, et on y installe l'arbre à trousser; c'est une tige verticale tournant sur crapaudine et bien maintenue centrée à la partie supérieure.

Au fond de la fouille, on pilonne fortement le sable, sur lequel on installe, concentriquement à l'arbre, une plaque en fonte placée parfaitement horizontale et vérifiée en tous sens au moyen du niveau à bulle d'air; elle sert de base au moule.

Sur l'arbre on fixe une planche en bois (représentée en traits ponctués fig. 283), dont l'arête a le profil intérieur de la chaudière et que, de préférence, on garnit d'une tôle à cause de l'usure; ce calibre sert à guider l'ouvrier pour la construction d'une grossière maçonnerie de briques que l'on habille avec du sable; en faisant tourner le gabarit tout autour de l'axe, on confectionne donc ainsi la chape avec la planche à trousser.

On peut enlever à ce moment la planche à trousser; on fait ensuite sécher la surface obtenue avec des réchauds extérieurs et, parfois même, en allumant du feu au-dessous.

La planche à trousser l'extérieur de la calotte est alors montée sur l'arbre de la même façon que celle qui a servi à exécuter la paroi intérieure; l'ouvrier plaque du sable plastique sur la chape et forme ainsi, à l'aide de ladite planche à trousser, un modèle en sable appelé l'*épaisseur*. Il démonte ensuite le gabarit et badigeonne la surface de l'épaisseur pour lui donner de la consistance; on descend, à ce point du travail, un second anneau concentrique en fonte qui repose sur l'assise générale et supportera la chape extérieure.

Puis, le badigeon étant reconnu bien sec, on applique une forte couche de sable et on enlève l'axe de la planche à trousser; on bâtit, sur la seconde couronne, un autre dôme qui constituera la surface extérieure de la chaudière; c'est le *manteau;* il est bon d'y intercaler des cercles de fer ou de fonte.

Avec une grue et des élingues, on enlève ensuite le

manteau et on le pose sur des chantiers suffisamment surélevés pour qu'au besoin on puisse en vérifier la surface et la réparer. On complète la chape en calfeutrant le trou de l'arbre à trousser, et on en dégage la paroi utile en retirant complètement l'épaisseur ; on répare le manteau s'il y a lieu et on le descend enfin avec soin pour l'assembler sur la chape.

On remplit complètement la fosse avec du sable en réservant les évents par lesquels on constatera plus tard la montée de la fonte liquide, que l'on fera arriver par un ou plusieurs trous de coulée par le bord inférieur.

Lorsque l'on a des formes contournées à obtenir, le travail se fait avec des courbes génératrices et directrices ; les premières font office de planches de trousse et sont guidées par les secondes qui sont fixes. Aucun exemple, mieux que le troussage des *hélices de bateau*, ne saurait être donné pour fournir, sur ce sujet, autant de notions pratiques.

Une hélice de propulsion se compose (fig. 284, 285) de plusieurs ailes semblables, quatre ordinairement, que l'on boulonnait autrefois sur un renflement à l'extrémité de l'arbre de couche, mais qui, généralement maintenant, sont toutes venues de fonte avec le même noyau ; ces ailes décrivent la même surface héliçoïdale, perpendiculairement à l'arbre, et sont tracées avec les mêmes éléments.

Elles ont une surface d'appui héliçoïdale, selon le sens de la marche du navire en avant, tandis que celle de la marche arrière résulte des épaisseurs ajoutées pour les besoins de la résistance du métal.

Nous n'avons pas à entrer plus longuement ici dans le tracé des ailes, dont les lignes pointillées des figures susdites indiquent suffisamment la méthode générale ; nous dirons seulement qu'on confectionne la surface d'appui au moyen d'un gabarit générateur (traits mixtes intérieurs de la fig. 285), qui peut être une ligne droite ou une courbe, selon les idées spéciales à chaque constructeur, et qui est astreint à tourner autour d'un axe en même temps qu'il peut monter et descendre le long de cet axe. A l'autre extrémité, la génératrice s'appuie et glisse sur une tôle directrice (fig. 287), ayant l'aspect d'un triangle proportionnel au pas de l'hélice et contourné, en plan horizontal, en cylindre concentrique à l'arbre de trousse.

Pour trousser une hélice (fig. 286, 288), on commence par établir un axe vertical, le long duquel glisseront deux génératrices identiques, diamétralement opposées, par l'intermédiaire d'un manchon à contrepoids pour les équilibrer. On assujettit les tôles de trousse (fig. 287) sur un cercle concentrique (fig. 288), un peu plus grand que le diamètre réel de l'hélice.

On accumule du sable à l'emplacement de chaque aile et on l'égalise en promenant la génératrice à sa surface ; cette génératrice est guidée : au centre, par l'arbre vertical, et aux extrémités, par les tôles directrices, dont, nous l'avons dit, l'arête supérieure est une hélice de même pas que celle à confectionner.

A ce moment, la surface de marche avant est terminée ; on trousse le moyeu, généralement creux, à la manière ordinaire et on façonne, d'autre part, le noyau sur les formes qu'il doit posséder (fig. 284).

La suite du travail ressemble, dès ce moment, à la confection de la marmite :

L'ouvrier a reçu (fig. 286, 290, 291) des gabarits en tôle correspondant aux épaisseurs en différents points du rayon (fig. 284) ; laissant en place l'axe vertical, assez solidement établi pour servir de guide par la suite, il place ces gabarits selon les circonférences et les ailes auxquelles ils appartiennent et les assujettit en tassant du sable de chaque côté d'eux ; puis il achève de remplir leurs intervalles de façon à obtenir une surface continue qu'il lisse

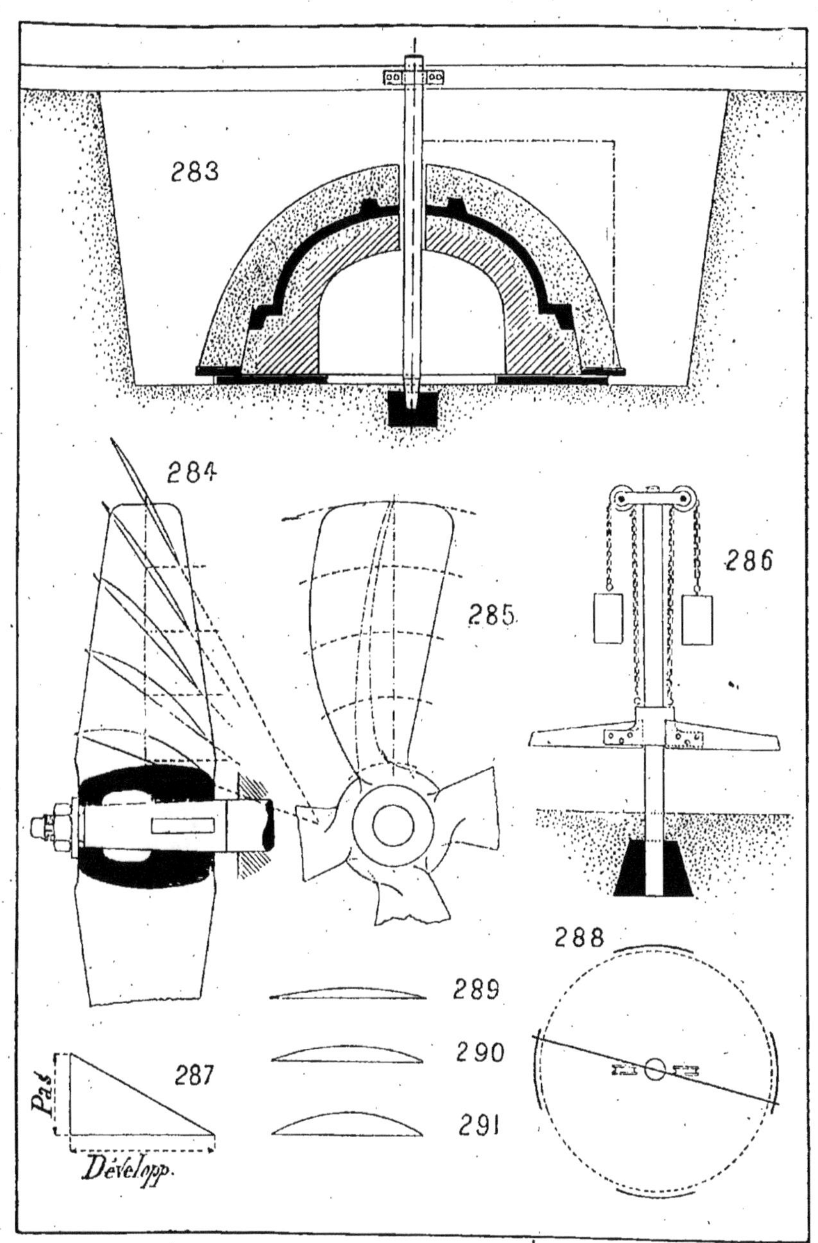

Fig. 283 à 291.

avec une règle, s'appuyant sur eux, et badigeonne de la même façon que ci-dessus, on procédait pour l'épaisseur d'une chaudière en fonte.

Sur cette épaisseur, il peut, dès lors, battre du sable en quantité suffisante soit dans un grand châssis général, soit dans des châssis particuliers à chaque aile ; il façonne ainsi la surface de marche arrière qu'il peut, ensuite, vérifier et réparer en enlevant le châssis supérieur.

Il démolit l'épaisseur, badigeonne et saupoudre soigneusement toutes les parties du moule, les fait sécher et les assemble ; il a ménagé les trous d'évent et de coulée, ceux-ci percés, de préférence, à l'extrémité de chaque aile ; il met le noyau en place, l'arbre ayant été préalablement enlevé, et il aveugle enfin toutes les ouvertures pour qu'il n'y puisse pénétrer aucun corps étranger.

Le moule est, dès maintenant, prêt à recevoir la coulée.

Une opération, complémentaire de celle que nous venons de décrire, est la réfection presque mathématique des ailes cassées en cours de traversée ; on les amène à l'atelier (fig. 285) ; on prend l'empreinte de l'une d'elles par un procédé analogue d'épaisseur ; on fait décrire à l'hélice une partie de révolution autour de l'axe, de façon à amener l'aile avariée dans cette empreinte et, avec de la fonte en fusion, on amollit la section de rupture ; le passage de la fonte est assez long, mais la matière n'est cependant pas perdue, le chauffage seul est une dépense ; lorsque, par expérience, on juge le moment opportun, on arrête la coulée ; on laisse refroidir et, au démoulage, on se trouve avoir ressoudé, en quelque sorte, la partie qui manquait.

Les *engrenages* peuvent s'obtenir avec des boîtes à noyau (fig. 292) ; on trousse les parties circulaires selon un gabarit tournant autour d'un arbre vertical et on met les segments, pour les dents, en nombre convenable.

Le moulage des *tuyaux* nécessite l'emploi de *lanternes* ;

pour les petits diamètres, la lanterne est constituée simplement par un tube en fer creux percé de trous en quin-

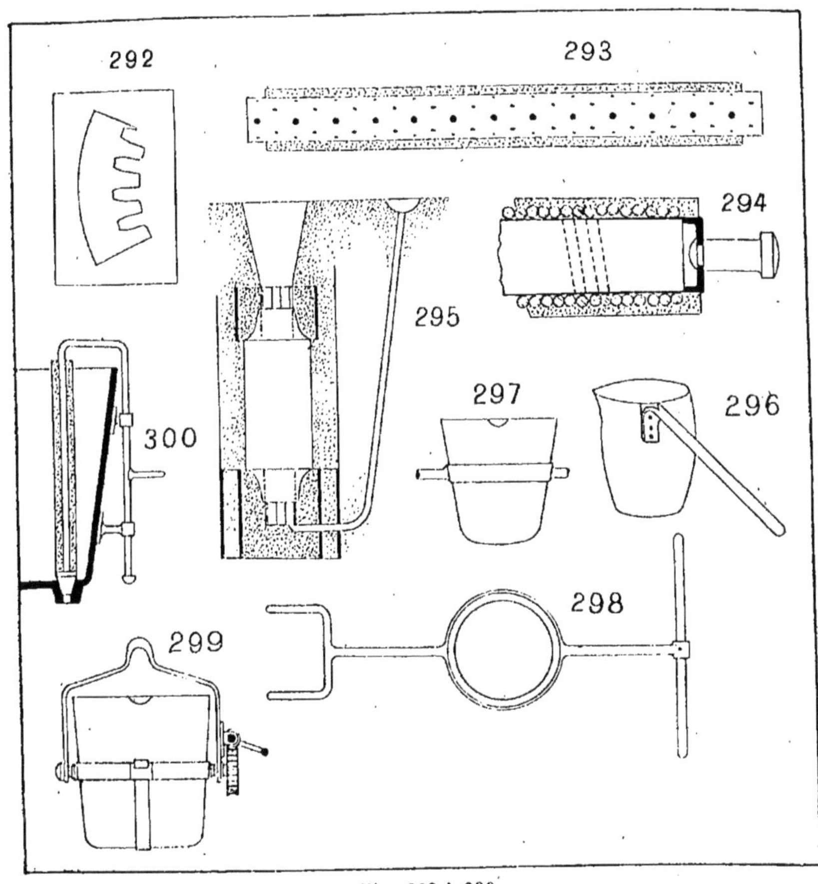

Fig. 292 à 299.

conce (fig. 293), autour duquel on amasse du sable gras
dans une boîte à noyau.

Pour de plus forts diamètres (fig. 294), on fait usage
d'un tuyau de tôle plus ou moins épaisse, percé de trous

et monté sur tourillons; on enroule tout autour, de la corde, de la sparterie, du foin sec, et on plaque ensuite de la terre que l'on façonne en faisant tourner le noyau devant une planche fixe. On fait sécher et on badigeonne; les gaz s'échappent par l'intérieur de la lanterne, car il est à noter que les matières textiles déjà desséchées et carbonisées (lors de l'étuvage), produisent néanmoins encore des gaz.

Le rôle de la sparterie est de servir de support ou matelas élastique lors du refroidissement de la fonte; lorsqu'elle se solidifie, celle-ci contracte fortement le noyau qui doit, dès lors, suivre cette diminution; la corde en foin cède donc légèrement sous l'énergique pression du tuyau.

Il faut, en outre, fabriquer le noyau pour qu'il ne fléchisse pas, sur sa longueur, sous l'effort de la pesanteur; il arriverait, en ce cas, que les diamètres seraient différents et le tuyau excentré; aussi a-t-on adopté, pour la fabrication des tuyaux et autres objets semblables, la coulée debout.

Nous avons, dans ce cas, à décrire un exemple de moulage mixte : l'extérieur du tuyau se moule comme d'ordinaire, mais on trousse le noyau intérieur.

Les *cylindres de laminoir* (fig. 295) peuvent se faire partie en coquille et partie en sable et, pour qu'ils soient homogènes, on leur adjoint une *masselote;* les tourillons et les trèfles se moulent en coquille; le corps cylindrique, en sable, la coulée a lieu en *source* et on laisse la fonte monter plus haut que le trèfle supérieur, de façon à donner beaucoup de densité et de cohésion par suite de la pression de la masselote. En outre, toutes les scories et matières étrangères viennent se rassembler et surnager vers la masselote, en même temps que les soufflures montent s'y former.

Coulée. — Quand la fonte produite et réunie dans le cubilot est en quantité suffisante pour correspondre au volume des pièces sur chantier et, de plus, a une bonne température, on procède à la coulée. On peut la faire de deux façons différentes : soit avec une rigole ou *chaînée*, soit avec des poches. C'est le métal qu'ici l'on conduit vers les moules ; mais, par certaines combinaisons mécaniques récentes, on amène quelquefois les moules vers le cubilot au moyen de plans inclinés sans fin, d'engins circulaires sélectionnant les opérations ou par toute autre méthode, selon l'importance des fonderies.

Le mode de couler le plus simple consiste à se servir de poches, variables de grandeur, de construction ou d'agencement, en vue de la quantité de fonte qu'elles doivent contenir ; on les approche du trou de coulée de cubilot que l'on dégage, puis que l'on rebouche après remplissage de la poche.

Pour de petites quantités, de 15 à 25 kilos, on emploie des poches à bras (fig. 296) ; de 50 à 250 kilos, on fait des poches munies d'une sorte de ceinture d'arrêt (fig. 297) par laquelle on les ajuste (fig. 298) dans une civière ou brancard que portent 2, 3 ou 4 ouvriers ; c'est celui qui tient la béquille droite qui doit marcher en arrière ; il guide et commande les mouvements et donne l'inclinaison nécessaire pour couler les moules.

Pour de plus fortes quantités, on construit des poches (fig. 299), suspendues à des grues ou à des treuils roulants, munies d'engrenages pour l'inclinaison. Une ceinture en fer les consolide et porte des tourillons ; elle est située un peu en dessous du centre de gravité, pour que le mouvement de bascule ait lieu plus facilement ; l'un des tourillons est claveté avec une roue d'engrenage que commande une vis sans fin faisant corps avec l'anse ; par mesure de sécurité un arrêt existe de l'autre côté.

Les poches à quenouille portent (fig. 300) sur le fond une ouverture que protège une pièce de terre réfractaire ; elle est bouchée par une autre pièce réfractaire conique formant aussi manchon, par son prolongement, autour d'une tige en fer.

Cette dernière se retourne sur le côté et s'engage dans deux gâches disposées sur la paroi de la poche ; entre les deux, existe un mentonnet de manœuvre que l'on peut, également, relever par un levier adjacent ; quelquefois encore on soulève le bouchon par un levier direct. Elles se manœuvrent à la grue ou au moyen d'un truc.

Il faut chauffer les poches au préalable en les renversant au-dessus d'étuves ou de foyers appropriés ; lorsqu'avec la poche on se dispose à couler dans les moules, on doit empêcher les impuretés de pénétrer dans ceux-ci ; on le fait au moyen de manches ou battes en bois, avec lesquelles on retient les scories et le sable dont on recouvre parfois la poche, pour éviter un refroidissement trop prompt de la fonte en fusion, avant qu'elle soit versée dans les moules.

Le refroidissement de la fonte est plus ou moins lent, d'après la masse des pièces et le volume du sable dont elles sont entourées ; lorsqu'il est assez avancé, on désable complètement et des ouvriers spéciaux débarrassent la fonte de tout le sable qui y est collé, enlèvent les noyaux, les jets, les coutures et bavures au moyen de racles, de brosses métalliques, de burins, etc.

Les dépendances obligatoires d'un atelier de fonderie comportent : la *préparation des sables*, qui s'opère selon des méthodes variant avec la qualité du sable employé ; tamis, cylindres à laminer et à frotter le sable ou la terre, tonneaux à rouler, etc. ;

L'*atelier de modelage* où l'on confectionne ou répare les modèles, les trousses et tout le petit matériel imprévu ; généralement il est accompagné du *magasin des modèles* dont l'importance exige un entretien minutieux ;

Le *magasin des châssis*, dont nous avons déjà signalé l'utilité.

CHAPITRE II

ACIER DE MOULAGE

Préambule. — Pour que le lecteur soit à même de mieux comprendre et de suivre les opérations plutôt chimiques de la *Fonderie d'acier*, quelques notions succinctes de *Métallurgie* sont d'abord nécessaires, en raison de l'importance du sujet que nous allons traiter et de l'avenir réservé à ce nouvel aspect du métal fer, intermédiaire obligé, à l'heure actuelle où ses preuves sont faites, entre la vieille fonderie ordinaire et la forge d'antan.

On a vu, dans divers autres chapitres de ce Manuel, que l'acier, dans sa définition courante, est du fer auquel est incorporé une proportion de carbone plus ou moins forte et que, à l'inverse de la fonte, ce carbone y entre en combinaison, tandis qu'il existe plutôt à l'état graphitique dans celle-ci, c'est-à-dire en particules séparées.

Du fait que la fonte contient, d'une façon ou d'une autre, la quantité de carbone nécessaire à la constitution intégrale de l'acier, devait donc découler son emploi à la fabrication directe du produit dont il s'agit ici. Soit donc qu'on l'obtienne du haut-fourneau, ou qu'on en fasse une seconde fusion au cubilot, il n'est plus nécessaire, maintenant, de se servir du fer ordinaire pour le transformer en aciers, à part certains de ceux-ci dits *au creuset*, réservés à la confection de quelques moulages délicats et à la création d'aciers tout à fait spéciaux : une simple opération suffit pour éliminer de la fonte toutes ses impuretés et pour lui laisser, cependant, une teneur en carbone non seulement convenable, mais bien variable avec la destination de l'acier obtenu.

Il y a une quarantaine d'années, *Bessemer* inventa le *Convertisseur* qui porte son nom ; dans cet appareil, l'épuration de la fonte en fusion se produit par l'injection, dans cette fonte liquide, de jets d'air comprimé qui brûlent le silicium et le carbone qu'elle contient, matières dont, tout à l'heure, nous allons apprécier le rôle.

Cette fonte se transforme en acier ; au lieu de refroidir le bain et de le figer, comme on pourrait avoir tendance à le croire, l'arrivée d'air sous pression maintient et accroît la température de la masse ; pour comprendre ce phénomène, il faut en analyser les circonstances.

L'oxygène, contenu dans l'air atmosphérique lancé à travers le bain, va trouver les corps disséminés dans la fonte liquide ; comme ceux-ci en sont avides, il se produit l'action chimique dénommée oxydation ou, plus vulgairement, combustion ; c'est-à-dire que les corps simples : le silicium, le manganèse, le carbone, par exemple, se trouvent brûlés et, de même que le charbon produit de l'acide carbonique en se consumant dans le chauffage ordinaire, ces matières étrangères forment, d'abord : de l'acide silicique (silice ou sable) et des oxydes avec le manganèse et les autres métaux.

Enfin cette oxydation a lieu *en dégageant de la chaleur* et la température est même d'autant plus élevée que la teneur en matières étrangères est plus importante ; comme, d'autre part, toutes ces réactions se triturent au sein même

de la masse fondue, la totalité du calorique engendré reste
dans le convertisseur.

Pour fixer les idées sur la haute température atteinte,
nous pouvons dire que dans la combustion du silicium et du

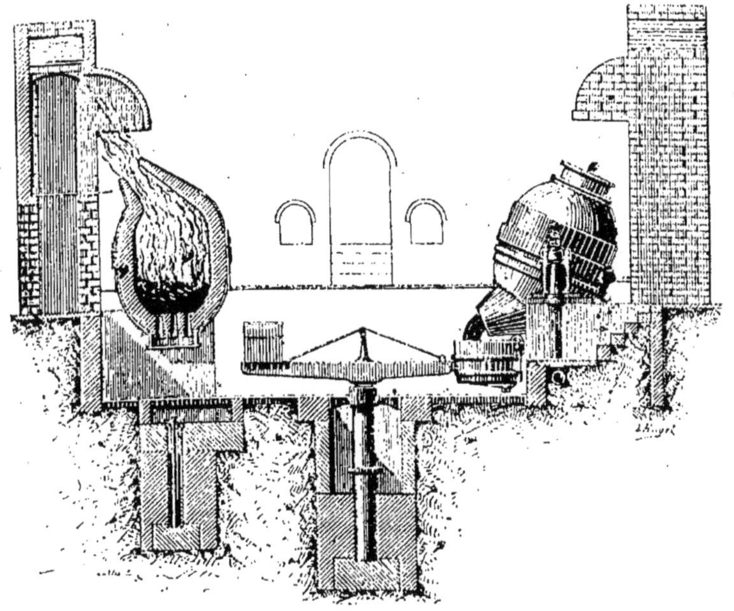

Fig. 300.

carbone, il se dégage environ 8.000 calories par kilogramme
de chacun de ces corps. (La calorie est l'unité de chaleur;
c'est celle qui est capable d'élever, de 1° centigrade, la
température de 1 kilogramme d'eau; or comme nous avons
vu, en *Mécanique générale*, que 425 kilogrammètres
étaient l'équivalent mécanique de la chaleur, on soupçonne
quelle puissance latente renferment ces deux éléments
essentiels de la fabrication de l'acier).

II. — *Forge et fonderies.* 6

Ces préliminaires exposés, disons de suite que le Convertisseur Bessemer (fig. 300) est à revêtement intérieur réfractaire en sable ou briques siliceux (acide silicique), ce qui lui a fait donner le nom de *procédé acide*; ce garnissage aide donc quelque peu à l'opération en fournissant la silice indispensable, mais ne permet autre chose que la combustion du carbone, du manganèse, du silicium et, enfin, du fer.

Le carbone est éliminé sous forme d'acide carbonique, entraîné par le courant d'air violent, tandis que les oxydes métalliques forment avec le sable un verre fusible (silicate de manganèse et de fer), de faible densité, par rapport à celle du bain en fusion, et qui surnage à sa surface; c'est ce silicate auquel on a donné le nom de *laitier*.

Lorsque l'on observe un Convertisseur en marche, à partir du moment où l'on a versé, dans la cornue préalablement chauffée, la fonte provenant liquide d'un haut-fourneau ou d'un cubilot, on voit d'abord des gerbes d'étincelles jaillir du bec de coulée; c'est la première phase ou combustion de la silice, dont des parcelles, entraînées par le vent, achèvent leur oxydation à l'air; pendant cette période, la température s'élève considérablement sans que l'on aperçoive de flammes continues sortir de l'appareil.

L'accroissement de chaleur a aussi pour résultat de transformer le carbone de la fonte, disséminé et libre, en carbone combiné, c'est-à-dire qu'à la fin de cette période la composition du mélange, relativement au carbone, se rapproche assez sensiblement de celle de la fonte blanche.

Peu à peu, le dard lumineux du bec de la cornue change de longueur et son éclat augmente, indiquant la période de combustion du carbone; le vent, lancé par les tuyères inférieures, produit un brassage énergique du métal et enfin une partie du manganèse s'oxyde au contact de l'air affluant; on aperçoit le dard s'auréoler de fumées rousses et cet aspect du bec du convertisseur est la caractéristique de la fin du travail de combustion.

La masse très chaude contient : des parties d'oxydes, du fer pur, des gaz dissous et le laitier qui la recouvre ; on arrête le vent et on jette alors dans le bain des fontes contenant le carbone et le manganèse, de qualité et en proportions suffisantes pour obtenir, en fin de compte, le degré de dureté désiré ; l'action chimique du manganèse est de réduire les oxydes de fer et de s'échapper en silicate pour une partie, tandis que l'excès de manganèse reste allié au fer métallique ; quant au carbone de ces fontes d'addition, versées liquides ou en gueuses, il s'oxyde ou se combine.

On redresse l'appareil et on souffle légèrement, ce qui produit un bouillonnement intense ; puis ce sursoufflage s'opère posément et c'est alors le moment de la coulée.

Le convertisseur Bessemer fut l'objet de nombreuses recherches pour lui permettre d'éliminer le phosphore et le soufre qui se rencontrent dans une quantité de fontes et le perfectionnement le plus important qu'il subit est dû à Thomas et Gilchrist qui, au lieu d'effectuer le garnissage intérieur en silice acide, employèrent des matières calcaires et magnésiennes comme revêtement ; ces matières sont des bases, chimiquement parlant ; de là la dénomination de *procédé basique*.

La chaux et le phosphore, en contact avec l'oxygène de l'air à haute température, s'oxydent pour former un phosphate de chaux qui est retenu par le laitier ; le soufre ne disparaît pas complètement ; la combinaison du phosphore et de la chaux se faisant avec dégagement de chaleur, le bain reste encore parfaitement fluide.

Les matières employées pour le revêtement du convertisseur Thomas et Gilchrist sont la dolomie (carbonate de chaux et de magnésie) ; c'est donc tant à l'emprunt qui est fait à ce garnissage qu'à une charge de chaux additionnelle que l'on doit la production du laitier, où se rassemblent toutes les impuretés de la fonte traitée.

Les phases de l'opération, dans ce genre de connue, sont à peu près identiques à celles du Bessemer, sauf vers la fin où l'on doit sursouffler pour se débarrasser du phosphore ; si l'on continuait, dans le convertisseur Bessemer, à donner le vent après l'apparition des fumées rousses, on oxyderait le fer ; mais, dans le nouvel appareil, cet oxyde de fer se trouve en contact avec le phosphore auquel il cède son oxygène pour former de l'acide phosphorique avec dégagement de chaleur et, enfin, en présence de la chaux, ce dernier se transforme en phosphate de chaux qui s'ajoute au laitier.

Avant les additions finales, on se débarrasse d'une partie du laitier, car le phosphore qu'il contient a tendance à retourner dans le métal en fusion au moment où l'on ajoute les recarburants.

Telle est la théorie résumée de la fabrication moderne de l'acier au Convertisseur Bessemer dont l'emploi s'est considérablement développé avec celui de l'acier Martin ou sur sole, au point de se substituer au fer proprement dit pour tout ce qui regarde ses applications dans des industries comme la construction métallique ou navale, les chemins de fer, les produits de la quincaillerie, etc.

Fours à sole. — Nous ne dirons que quelques mots de ces appareils dont l'étude complète nécessiterait trop de développements dans cet ouvrage et qui sont, d'ailleurs, dérivés des fours à réverbère décrits précédemment (page 59).

La différence avec ceux-ci réside dans le mode de chauffage ; car la température qu'on y doit atteindre pour la fusion de l'acier est plus élevée que celle qui est nécessaire à la liquation de la fonte ordinaire ; au lieu d'utiliser une

grille pour la combustion, la chaleur est fournie par un gazogène, indépendant du four, où l'on distille du charbon
ou autres combustibles ; le four à sole comprend donc, en
principe, une sorte d'usine à gaz.

Lorsque la nature des fontes ordinairement traitées et

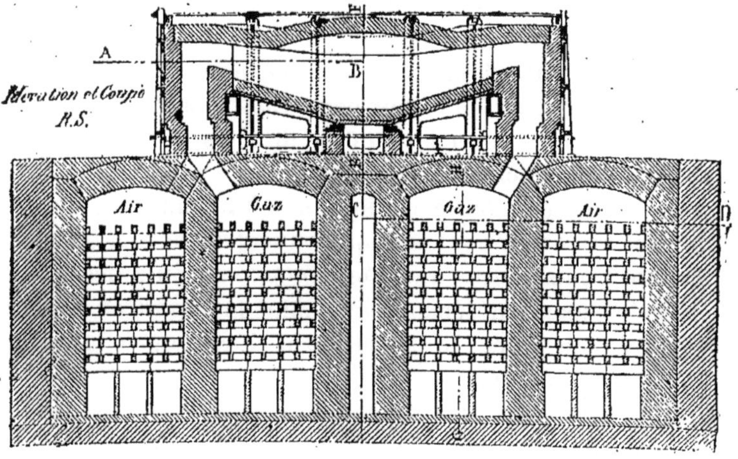

Fig. 301.

qui sont mélangées aux ferrailles, riblons ou chutes de laminoirs, peu carburés, qui les affinent en leur enlevant le
carbone et les matières étrangères, nécessite une sole faite
en silice, le four est dit *acide* ; si la chaux, la dolomie ou
même la magnésie constituent ladite sole, le four est dit
basique ; dans un four *neutre*, enfin, la sole est formée
avec du minerai de fer chromé.

La fonte y est d'abord fondue par la combustion des gaz
du gazogène qui contiennent surtout, à part l'azote, de
l'oxyde de carbone ; avant de pénétrer dans le four, on fait
passer le gaz par un récupérateur (fig. 301) généralc-
ment disposé sous le four lui-même ; c'est une chambre
divisée en compartiments dans lesquels, par le jeu de

valves appropriées, on peut envoyer alternativement soit le gaz frais, soit les produits de la combustion qui, y arrivant à température élevée, portent au rouge vif des piles de briques réfractaires laissant des intervalles réguliers entre elles.

Dans l'un des compartiments chauds circulent les gaz combustibles et, dans l'autre, l'air atmosphérique, nécessaire à la combustion, qui ne se mélange aux précédents que dans le four ; en retour dans l'autre paire de compartiments on fait passer les fumées directes, avant leur évacuation dans la cheminée.

Aussitôt que la fonte est liquide et à bonne température, on y jette des riblons chauds qui fondent à leur tour en bouillonnant ; puis, après quelque temps, on ajoute des fontes spéciales manganésées comme dans le travail au convertisseur, pour affiner le produit à la dureté ou à la qualité que l'on recherche.

Il va sans dire que toutes ces opérations ont lieu en brassant énergiquement la masse avec des ringards de fer introduits par les ouvertures dont le four est muni à cet effet.

Convertisseur Robert. — A côté de ces deux appareils (convertisseur Bessemer acide ou Thomas basique, et four Martin), il existe deux autres modes de fabrication de l'acier : le four à *Creusets* qui convient pour l'obtention, mais en petites quantités, des aciers fins ou spéciaux par refusion d'éléments de bonne qualité, et le *Convertisseur* Robert, au moyen duquel on fait des moulages d'acier.

Nous dirons quelques mots de ce dernier engin dont le développement et les applications prouvent bien les avantages, tout en consacrant d'abord un préambule succinct au moulage d'acier.

La fonte ordinaire, en dépit de sa fusion et de son moulage simples, présente trop d'inconvénients, relativement à sa fragilité et à son peu de résistance à l'usure et au choc, pour être utilisée dans de très nombreux cas qui se rencontrent à l'heure actuelle dans l'industrie ; le principal défaut que l'on reprochait jusqu'ici aux aciers coulés résidait dans les soufflures dont ils étaient criblés et que l'on évite maintenant par des additions de fontes d'épuration.

Sauf cette particularité, la fonderie d'acier est analogue à la fonderie de fonte ; on coule le métal obtenu dans des moules, au moment où il est suffisamment affiné et, s'il y a lieu, on recuit les pièces quand elles doivent être formées d'un acier plus doux.

On voit combien est vaste le champ des applications des moulages d'acier et on s'explique aisément leur développement rapide ; tous les ateliers étant appelés aujourd'hui à les employer ou à les usiner, il est intéressant d'entrer dans quelques détails sur cette fabrication et ses produits.

C'est à sa ténacité que l'acier doit sa vogue progressive ; mais cette ténacité tient également à sa pureté chimique, à sa constitution voisine de celle du fer, et il en résulte qu'il ne peut s'obtenir qu'à une température très élevée ; par conséquent son retrait, c'est-à dire les diminutions de volume et de longueurs qu'il éprouve en passant de l'état liquide à l'état solide, est très considérable.

De là proviennent les deux difficultés principales que présente la pratique des moulages d'aciers, à savoir : la tendance à présenter des défauts superficiels (le métal ronge le sable dans lequel on le coule) et les retassements intérieurs (le métal à très haute température se condense en se cristallisant et peut offrir des traces de retassement), et la tendance à s'ouvrir au retrait, à se criquer, par la formation de lignes ou surfaces de rupture qui sont en raison de la résistance que le sable du moule oppose au retrait de l'acier.

Ces difficultés se résolvent de diverses façons: la première en coulant les pièces par le bas, pour faire remonter l'acier dans le moule au lieu de l'y laisser tomber, et cela afin de ne pas dégrader le sable tout en dirigeant autant que possible, les crasses et impuretés du moule vers des parties inutiles, qu'on enlève après coup et qui constituent des *masselotes;* on donne à ces masselotes une certaine importance car elles jouent le double rôle de servir de réservoir d'acier chaud, rechargeant la pièce au fur et à mesure que le métal se tasse, et de produire par pression une meilleure cohésion de la masse.

La seconde difficulté peut s'éviter en faisant des moules élastiques et en renforçant la pièce de façon convenable; néanmoins tous ces défauts sont plus apparents que réels, et n'enlèvent généralement pas aux moulages d'acier leur grande supériorité de résistance.

Le sable employé à la confection des moules doit être assez plastique pour correspondre parfaitement au modèle; en outre, il doit être plus réfractaire que le sable propre à la fonte, pour ne pas être corrodé par l'acier en fusion, dont la température est supérieure à celle de la fonte, nous ne saurions trop le répéter.

Ainsi que dans la *Fonderie de Cuivre* (voir plus loin), on mélange les sables selon le genre de fabrication que l'on a en vue; ceux qui ont déjà quelque usage servent de remplissage dans les châssis, tandis que le sable neuf est plutôt réservé aux surfaces qui seront en contact avec l'acier liquide.

Il faut avoir soin de ménager plus d'évents que dans le cas de la fonte et il est bon, autant que les pièces l'exigent, de surmonter la pièce coulée d'une masselote dans laquélle se réunissent les impuretés de préférence et qui opère une pression judicieuse sur l'objet moulé. Avant de recevoir l'acier, ces moules sont, la plupart du temps, étuvés ou séchés.

Un *Convertisseur Robert* (fig. 302, 302 *bis*) se compose

d'une cornue pouvant pivoter sur un axe horizontal; l'un
des tourillons est creux et c'est par là qu'a lieu l'arrivée du
vent de la soufflerie; cet air est envoyé par une machine
soufflante : un ventilateur, même à haute pression, donne
des résultats défectueux.

Une tubulure, entraînée dans la rotation de tout l'appa-

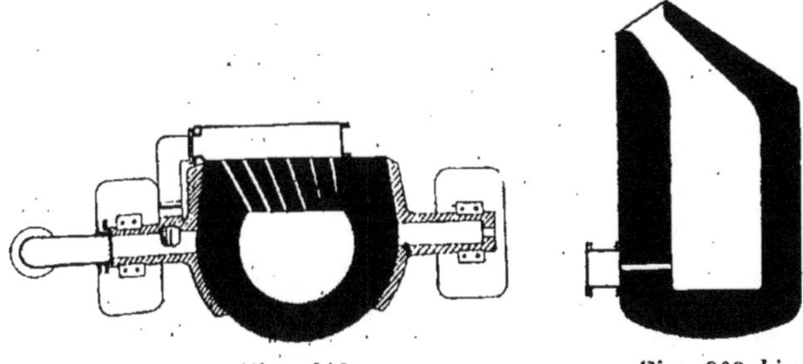

Fig 302   Fig. 302 *bis*.

reil, conduit le vent dans une petite chambre latérale, située à hauteur du niveau du bain métallique, de sorte que
son action se produit à la surface de l'acier en fusion; les
tuyères ont des inclinaisons différentes.

On introduit dans le convertisseur la fonte en fusion et
on donne le vent tout comme le convertisseur Bessemer;
mais, en raison du fait que l'on souffle à la surface au lieu
de souffler par le fond, les réactions chimiques (analogues
à celles du Bessemer) se passent plus doucement, sans
brassage, et assurent mieux l'élévation graduelle de la
température du bain.

L'acier Robert est donc plus pur et plus chaud que
l'acier Bessemer, et convient bien pour les moulages, alors
que celui-ci ne peut s'employer pour cette fabrication.

La conduite du convertisseur Robert est très simple;
c'est sur l'aspect de la flamme que se guide le maître-ouvrier; il opère ses additions finales en raison
de la qualité d'acier qui convient aux pièces dont les

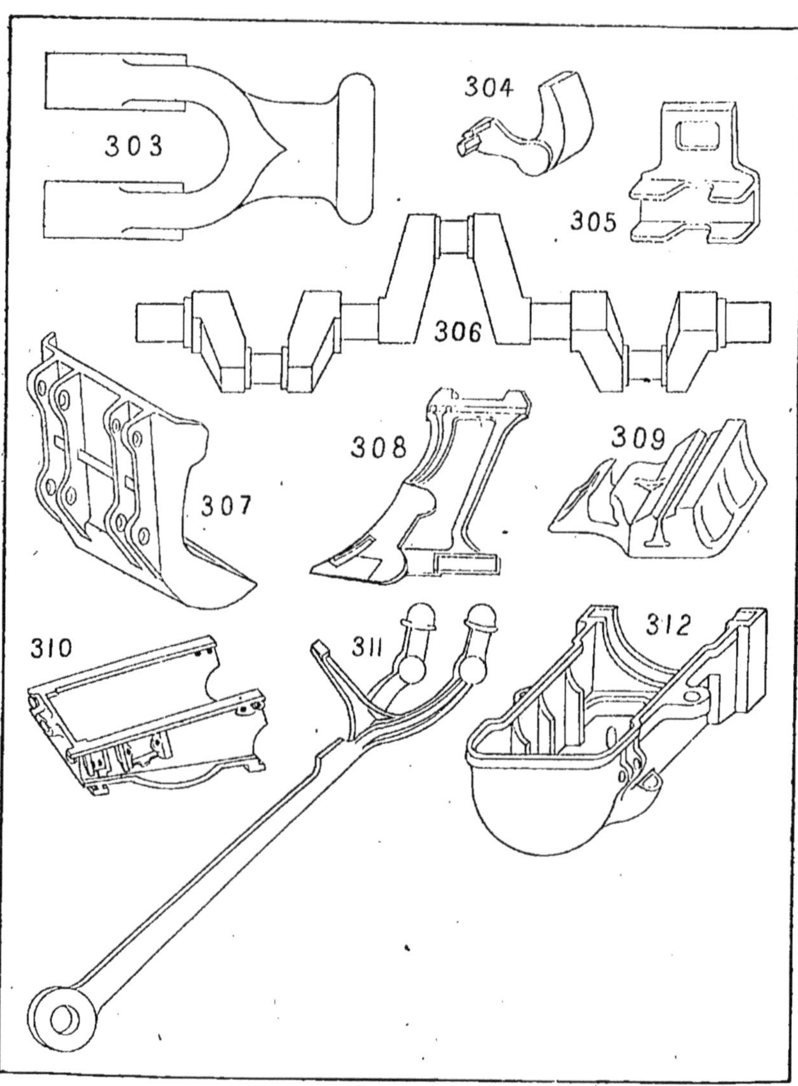

Fig. 303 à 312.

moules sont en attente à proximité du convertisseur.

Toute la gamme de dureté peut être ainsi obtenue, depuis l'acier extra dur nécessaire aux appareils de broyage, jusqu'aux aciers extra doux convenant aux usages électriques, en passant par toute la série des aciers destinés à des pièces mécaniques variées dont la qualité se révèle par les efforts de traction, de flexion ou d'usure et de frottement qu'elles doivent supporter.

On applique ces aciers, en résumé, à un nombre infini d'industries ; ils y facilitent l'étude de la construction, en raison de la docilité avec laquelle ils se prêtent à toutes les formes combinées par le mécanicien, sans compter que, forgeables et soudables, ils subissent aisément toute modification ou rectification ultérieure, lors du montage.

L'opération de transformation au Convertisseur est rapide et ne demande guère plus de quinze à vingt minutes pour fabriquer 2.000 kilos d'acier ; la pression du vent, dans la chambre latérale, est de 40 centimètres de mercure seulement.

Nous avons dit que l'acier Robert est parfaitement soudable ; il peut supporter toutes sortes d'essais, à chaud comme à froid ; sa résistance à la rupture est de 45 à 80 kilos par millimètre carré, suivant sa dureté, et l'allongement correspondant est de 30 à 10 pour 100.

Nous donnons ci-contre (fig 303 à 312) les dessins d'une série d'objets les plus divers fabriqués avec ce métal ; ils montrent la variété de formes ou d'épaisseurs auxquelles on peut l'astreindre et prouvent qu'en résumé ces nouveaux aciers sont un état tout particulier de fer affiné, avec quelques qualités supplémentaires de résistance et de ténacité.

Aussi l'emploi de ces moulages se répand-il de plus en plus, prenant la place de nombre de pièces de fonte, insuffisamment résistantes ou trop lourdes, et de nombre de pièces de forge, trop coûteuses ou trop longues à confectionner.

CHAPITRE III

FONTE MALLÉABLE

Pour compléter ce qui a été précédemment dit de la *Fonte malléable* (page 45), nous devons entrer dans quelques développements relatifs aux moyens de transformer la fonte fragile ordinaire en un produit plus ductile que l'on a désigné de cette appellation dès le début de ses applications industrielles, et dont la vogue se maintient honorablement malgré la concurrence des moulages d'acier, plus modernes.

La fonte malléable s'obtient en choisissant des fontes spéciales qui, liquéfiées et versées dans les moules des pièces à confectionner, sont ensuite reprises et traitées de façon à leur enlever, superficiellement, une importante proportion de carbone; après ce traitement elles deviennent presque aussi ductiles que le fer dont leur composition se rapproche sensiblement.

Il est nécessaire d'insister sur le terme de fontes spéciales du paragraphe ci-dessus : le métal qu'il s'agit de travailler ultérieurement est un mélange, en proportions parfaitement dosées selon les formes et la destination des objets qui en proviendront, de fontes blanche et grise aussi

pures que possible de silicium et de phosphore; pour des
pièces minces, la fonte grise dominera dans l'ensemble,
tandis que ce sera l'inverse quand le but sera de fondre de
fortes épaisseurs.

Pour que l'opération réussisse, il est souhaitable, en
outre, que les fontes ne contiennent le manganèse qu'à
l'état de traces.

Une fois les objets amenés en fonte brute, on les soumet
à la *décarburation* en les mettant en contact avec des minerais de fer (fer oligiste, hémathite rouge) riches en oxygène, lequel va se combiner, molécule à molécule, avec le
carbone du métal à transformer; ces matières sont, d'ailleurs, en grenaille. Sans prétendre que la surface de la
fonte malléable soit poreuse, on se fait mieux une idée de
ce qu'elle est devenue en supposant qu'elle ait acquis plus
de légèreté dans cette partie. On contrebalance, d'ailleurs,
cet effet en coulant les fontes en coquille.

Les récipients où l'on procède à la fusion du métal sont
en fonte ordinaire ou en terre de pipe; pour les premiers
on doit avoir soin de proscrire la fonte noire; quant aux
seconds, ils sont plutôt délicats à entretenir au feu à cause
de leur grande fragilité; on ne va guère, avec ceux-ci, au-
delà d'une contenance de 40 kilos.

On fait également usage des creusets en plombagine où
50 kilos peuvent, en moyenne, être traités; mais le mieux
est encore de procéder à la fusion dans un petit cubilot,
bien qu'il y ait à craindre l'influence du soufre que pourrait amener le coke dans les réactions.

Il y a, en effet, lieu de remarquer que l'on n'a généralement à fondre que de très petites quantités de ces fontes
spéciales : ferro-silicium, ferro-manganèse, spiegeleisen,
etc., soit qu'on doive les épurer par un procédé quelconque,
soit qu'elles soient suffisamment affinéespour correspondre
à la qualité recherchée; en outre, les opérations sont inter-

mittentes et, d'autre part, le creuset est d'un prix appréciable tant par lui-même que par la consommation assez
élevée de coke qu'il nécessite ; enfin il exige d'être manipulé par des ouvriers spécialistes.

On a donc songé, en considération de ces divers inconvénients, à utiliser le cubilot ; mais on a dû créer un type
de cet appareil, à cause de la périodicité des coulées à la
suite desquelles le creuset risquerait, dans un cubilot ordinaire, de se garnir de scories ou même de métal froid ; il
deviendrait impossible de percer le trou de coulée et le
cubilot serait rapidement hors de service.

Nous verrons plus loin, dans la Fonderie de Cuivre, un
système de creuset amovible que l'on peut combiner au
besoin avec un petit cubilot pour y traiter la fonte à malléabiliser ; mais il vaut mieux décrire le cubilot Legénisel-
Walrand en cet endroit-ci de notre ouvrage, car il est spécialement applicable au cas qui nous occupe.

Dans cet appareil, la matière fondue est séparée complètement du combustible et elle est reçue dans une poche
indépendante que réchauffent les gaz s'échappant du cubilot ; le trou de coulée est, par conséquent, toujours
libre, même si on ne fond pas, et la durée du cubilot est
presque illimitée ; on ne le répare que pour remédier à
l'usure provoquée par le service qu'il fait.

C'est, en quelques mots, un petit cubilot de dimensions
réduites mais dont la forme générale rappelle celle que
nous avons vue précédemment ; il est monté sur consoles
et peut osciller autour de tourillons horizontaux ; le corps
principal est disposé en deux parties se réunissant, par un
plan perpendiculaire, à l'axe du cubilot, au moyen de boulons afin de faciliter les nettoyages et les réparations.

Le vent y arrive dans une boîte périphérique par les tourillons ou par des tubulures extensibles ; puis pénètre à l'intérieur par une ou plusieurs rangées de tuyères.

Le fond inférieur du cubilot est amovible; cette sole est retenue en-dessous par des boulons ou des coulisses et présente un fort cône dont la pointe est dirigée vers le bas; elle est seulement tronconique, offrant ainsi un orifice qui, de préférence, a le même axe que le cubilot.

C'est sous cette ouverture que l'on dispose les poches destinées à recevoir le métal au fur et à mesure qu'il fond; elles sont constamment réchauffées par les gaz de la combustion s'échappant en partie par l'orifice inférieur sous l'action de la soufflerie.

La conduite de ce cubilot n'offre aucune difficulté : il se charge exactement comme les plus grands appareils du même genre et, dès le début du soufflage, une partie des gaz chauds sortent par le bas, réchauffant la poche et maintenant, en outre, l'orifice inférieur à une température suffisante pour que les obturations par encrassement ne soient pas à craindre. La fonte liquide coule donc librement au fur et à mesure de sa production et continue à être tenue parfaitement fluide et chaude, par les flammes, dans la poche où elle s'emmagasine; de la sorte, on peut procéder en toute sécurité par fusions ou coulées intermittentes suivant les besoins.

Un avantage important de cet appareil est constitué par la rotation qu'il possède autour de ses tourillons, puisqu'ainsi et au moyen d'un jeu d'engrenages semblables à celui d'une poche de fonderie on peut facilement amener l'axe du cubilot à être horizontal pour le dégorger si le trou de coulée venait à s'engorger par suite d'une mauvaise surveillance.

On remarquera, enfin, que le métal reste peu en contact avec le combustible, ce qui a un intérêt considérable dans beaucoup de cas, tels que des fusions épuratives; sur le parcours entre l'orifice et la poche, il est encore aisé de combiner telles dispositions par lesquelles le métal fondu passe à travers des scories épurantes ou, encore, d'agencer des tuyères supplémentaires qui provoqueront une fusion oxydante pour débarrasser la fonte de ses impuretés : silicium, soufre, phosphore et autres.

La fonte à malléabiliser provient parfois aussi des petits convertisseurs de la fonderie d'aciers pour moulages; ce sont alors les mêmes appareils et les mêmes matières premières que celles qui sont employées à la fabrication de l'acier coulé et l'on obtient de la sorte une fonte très fluide qui se malléabilise ainsi que nous allons le voir; point donc n'est besoin, dans ce dernier cas, de se procurer des fontes spéciales, d'un prix toujours assez élevé, nécessaires pour les fours à creusets ou pour les cubilots.

Quel que soit le procédé par lequel on obtient le métal convenable en fusion, les poches ont une contenance de 100 kilos au plus et servent à porter la fonte dans des moules; on dispose ensuite les objets, par couches noyées dans le décarburant, dans des *marmites* de formes variées en fonte très ordinaire, quoique la forme cylindre soit préférable pour les petites pièces quand elles peuvent s'y loger aisément; la décarburation y atteint mieux, en effet, le centre que dans les *coffrets* prismatiques.

Ces marmites ou coffrets (fig. 313) sont sans pied et ont à peu près les dimensions ci-contre; elles contiennent, jusqu'à proximité du couvercle, des couches alternatives de pièces enterrées dans le décarburant, et de décarburant; le haut se lute avec de la terre réfractaire et on porte ces marmites sur la sole d'un four à recuire (fig. 314), où on les entasse l'une sur l'autre en laissant entre les colonnes un intervalle suffisant pour la circulation des gaz provenant de la combustion de la houille d'un foyer.

La durée d'un coffret n'est que de 7 à 8 recuits; on chauffe très lentement, soit 24 heures environ pour *monter* un four, et on atteint ainsi graduellement une température de 900 à

1000° que l'on maintient environ trois jours consécutivement,
sauf lorsqu'on dispose, comme dans certaines installations
importantes, de fours à refroidir agencés en séries; l'épaisseur des objets intervient d'ailleurs ici, tout autant que la
profondeur de décémentation qu'on désire obtenir.

Lorsqu'on a jugé que la combustion intime du carbone

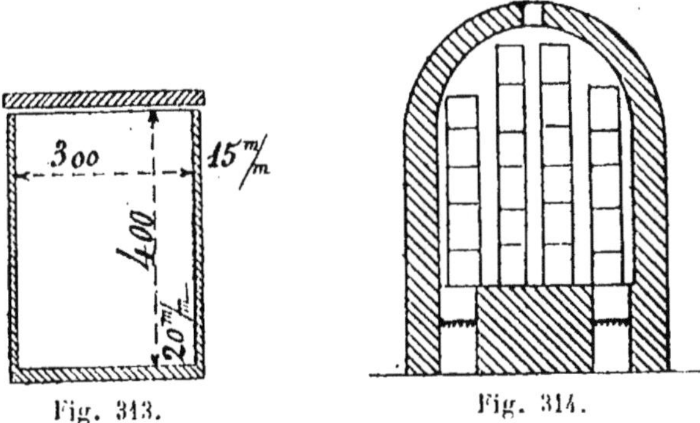

Fig. 343.   Fig. 314.

dissous est suffisamment profonde, on arrête le chauffage
et on laisse refroidir les coffrets extrêmement lentement,
de façon à ce que la chute de température dure de un jour
à un jour et demi.

Parfois des pièces dont l'épaisseur est de 2 centimètres à
2 centimètres et demi ont besoin de subir un deuxième
recuit dans les mêmes conditions que le premier.

Le minerai de décarburation que l'on emploie se mélange
avec du vieux décarburant grillé qui le revivifie, en quelque sorte; lorsqu'il est tout à fait usé et en poudre, il peut
être utilisé pour la confection de dallages très résistants.

Au lieu de faire les coffrets en fonte, on peut les confectionner en terre de pipe bien qu'ils soient d'une fragilité
regrettable; quant aux creusets de fusion, ils se font quelquefois en plombagine, qualité d'argile naturelle que l'on

BIBLIOTHÈQUE NATIONALE R. F. IMPRIMÉS

a avantageusement remplacée par la plombagine de cornues.

Un inconvénient qui est à signaler, dans la coulée pour fonte malléable, c'est le retrait considérable subi par les pièces : 1,5 à 2,5 pour 100 dans les grosses pièces ; aussi convient-il, beaucoup plus encore qu'avec la fonte ordinaire, d'unifier les sections et de supprimer tout angle vif rentrant.

Le sable des moules doit avoir une plasticité spéciale ; celui de Fontenay-aux-Roses près Paris, est de qualité convenable et peut être pris comme type ; les pièces fragiles se moulent en sable vert qui s'oppose moins au retrait que celui qui a déjà quelque usage.

QUATRIÈME PARTIE

TRAVAIL DU CUIVRE

CHAPITRE PREMIER

FONDERIE DE CUIVRE

On donne indistinctement ce nom aux ateliers où se fondent les divers alliages du cuivre : bronze rouge, bronzes phosphoreux, laiton, antifriction, métal blanc, etc.

Rappelons ici, tout d'abord, que le *bronze rouge* est surtout riche en cuivre; pour les organes de machine soumis au frottement, nous avons indiqué que sa composition est d'environ :

Cuivre	Étain
87	13

Le *bronze phosphoreux*, d'application relativement moderne, est un alliage remarquable par sa ténacité et par sa résistance ; l'action du phosphore dans le mélange semble se porter plus particulièrement sur les oxydes, combinaisons d'oxygène avec les métaux ; il les réduit, c'est-à-dire qu'il leur enlève l'oxygène, à cause de son affinité pour ce corps, rend ainsi très purs le cuivre et l'étain et donne, en résumé, une grande homogénéité à l'alliage.

La fabrication est cependant un peu délicate et réclame beaucoup d'attention. A froid, cette combinaison peut se laminer, s'étirer et se forger; suivant l'usage auquel les bronzes phosphoreux sont destinés, on les obtient plus ou moins durs; les plus durs donnent la meilleure résistance au frottement, mais ils résistent mal aux chocs; leur composition se rapproche de :

Cuivre	Étain	Phosphore
90.30	8.90	0.80

On utilise cette qualité surtout pour les coussinets de wagons et de wagonnets, pour les tiroirs, les douilles, les crapaudines et les coussinets de toute sorte ne subissant pas de chocs.

Les alliages moins durs, que l'on peut appliquer dans les articulations très fatiguées, ont comme composition approximative :

Cuivre	Étain	Phosphore
90.80	8.60	0.60

et servent pour confectionner les pièces subissant, simultanément, la traction et le choc : bielles, pignons et engrenages, écrous, tiges de piston, etc.

Si le bronze phosphoreux contient, en outre, une très minime proportion de manganèse, il en résulte un alliage dénommé : mangano-phosphoreux qui a encore plus de dureté et résiste aux frottements encore mieux que le précédent; la texture en est compacte, le grain très fin et son homogénéité parfaite.

Il ne doit cependant pas subir de traction, de flexion ou de torsion, car il est très cassant; il se brise facilement sous le choc; mais il convient essentiellement pour les frotte-

ments des lourdes pièces réclamant, surtout, de la dureté :
coussinets, grains de turbines, bagues, pivots, crapaudines
(moteurs de très grande puissance), etc., où l'échauffement
est à craindre.

Le *laiton* est un alliage dont le cuivre et le zinc forment
la base; selon sa provenance, il contient plus ou moins
d'étain et de plomb, lui donnant de la fluidité pour le cou-
lage dans les empreintes délicates; un peu de fer ajouté lui
communique plus de résistance; le tableau ci-dessous
(Laharpe) montre la variété existant dans les proportions
sous lesquelles on le trouve :

ORIGINE	CUIVRE	ZINC	PLOMB	ETAIN	FER	
Laminé français..	64.60	33.70	1.40	0.20	»	»
Fondu français (fonte délicate).	63.70	33.55	2.50	0.25	»	»
Fondu français.	72.43	22.75	1 87	2.95	»	»
Bristol..	75.70	24.30	» »	» »	»	»
Oker.	77.88	24.42	1.09	» »	2.32	
Iserlohn.	63.70	33.50	0.30	2.50	»	»

Il est assez délicat de conserver rigoureusement ces proportions; aussi est-on forcé de fondre d'abord le zinc et
l'étain, puis séparément, les autres métaux.

Le laiton peut être laminé et étiré en fils.

Le *métal blanc* est une composition, d'un prix peu élevé,
qu'il est très facile de fondre à la cuiller; il est, ainsi, très
commode pour les réparations et l'entretien et son usage
peut être recommandé pour les coussinets qui ne sont pas
trop chargés.

Voici quelques compositions usuelles (Laharpe).

DESTINATION	ÉTAIN	ANTIMOINE	CUIVRE	ZINC	PLOMB	FER
Faibles charges. . {	85	10	5	»	»	»
— — {	80	12	8	»	»	»
Grandes charges. .	90	8	2	»	»	»
Moulins.	15	»	3	40	42	»
Axes lourds. . . .	72.7	18.2	9.1	»	»	»
Grande vitesse de rotation.. . . . . {	17	77	6	»	»	»
Grande vitesse de rotation.. . . . . {	36.4	de 3 à 9	»	54.5	»	»
Paliers de butée. .	36	»	»	55	»	»
Maximum de dureté	5	»	2.5	»	»	70
Autre métal dur. .	12	82	4	2	»	»
Métal bon marché.	2	2	8	88	»	»

Au moment de l'emploi du métal antifriction, il faut décaper préalablement les surfaces sur lesquelles on veut l'appliquer et les chauffer légèrement.

Tous les alliages dont nous venons de parler se fondent soit au creuset, et de préférence dans des creusets réfractaires en plombagine, soit au four à réverbère lorsque l'on a à couler des pièces de grandes dimensions : canons, hélices, tubes, etc. Les objets de volume moyen sont quelquefois coulés avec du métal fondu au four (système Piat, entre autres).

La fonte au creuset, telle qu'elle se pratiquait fort anciennement et dont beaucoup de fonderies suivent encore les errements, s'opère dans des bas foyers dit *Potagers* chauffés à air libre ou à vent forcé. Leur construction (fig. 315)

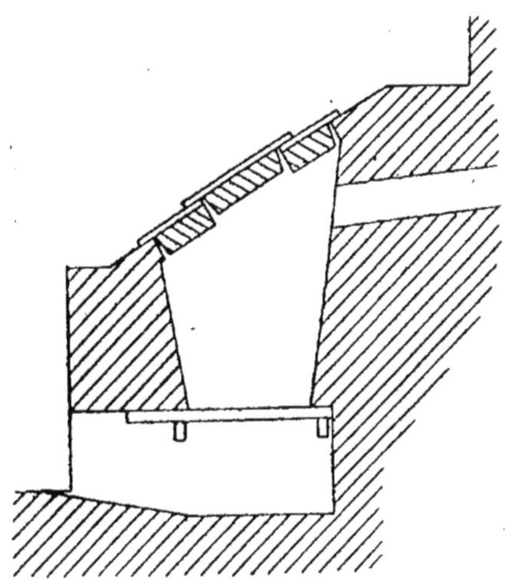

Fig. 315.

consiste en un massif de maçonnerie où sont des ouvertures, garnies de briques réfractaires, dans lesquelles se logent les creusets ; ceux-ci reposent sur une grille, en dessous de laquelle existe un carneau général. Les gaz de la combustion circulent autour du creuset et rencontrent un couvercle de protection qui les oblige à partir par une cheminée ou des carneaux latéraux.

Les pots ont une contenance de 25 à 40 kilos et, pour qu'ils se conservent plus longtemps, la pression du vent ne doit pas être supérieure à cinq centimètres d'eau.

Il est nécessaire que l'ouvrier centre bien le creuset dans l'axe du fourneau, en tassant du coke tout autour lorsque l'on ne dispose pas de soufflerie ; l'inconvénient de ce système

est l'encrassage de la grille, dont on ne vient à bout, selon
la pureté du coke, qu'en cassant le combustible à coups de
ringard ; il y a là une manœuvre pendant laquelle le métal
se refroidit au moment de l'enlèvement de la cornue par
des pinces appelées *happes* (fig. 316-316 *bis*).

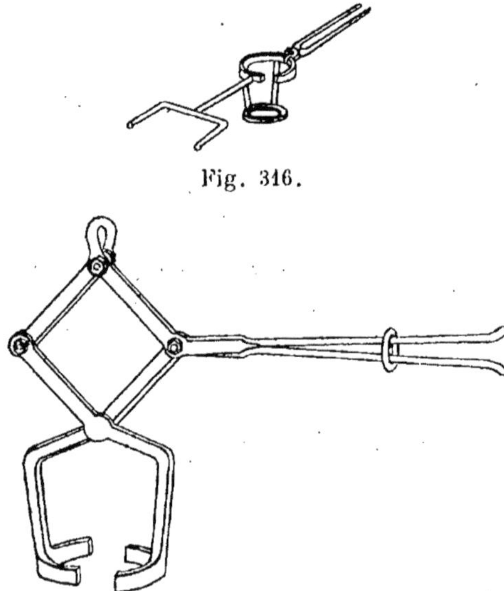

Fig. 316.

Fig. 316 *bis*.

Le poids du modèle sert, quelquefois, à déterminer le
poids de matière à fondre ; c'est ainsi que, pour des modèles fabriqués en pin ou en aulne, le poids de la pièce
fondue sera 16 fois celui de son modèle pour le bronze et
le laiton ; 12 fois avec le zinc ; 20 fois avec le plomb ; si le
modèle est plus léger, en sapin rouge par exemple, la
pièce pèsera 18 fois et demie en bronze, 14,5 en zinc et
25 fois en plomb ; c'est en proportion des densités.

Dans le four Piat le transport du creuset au lieu de
se faire, comme dans le bas foyer, avec des pinces ordi-

naires ou des *happes* articulées avec lesquelles on le saisit
au feu, se fait avec le four entier, qui peut être portatif;
le creuset ne sort pas du four pour la coulée; il y est maintenu solidement, de sorte qu'il fait un plus long usage et
qu'il n'y a pas à le réchauffer après chaque coulée; de là
une économie sensible, puisqu'on ne dépense plus que
15 à 20 kilos de coke par 100 kilos de matière fondue.

En outre, l'usage des fours oscillants et portatifs permet
au fondeur de couler des pièces beaucoup plus importantes, en supprimant dans certains cas l'emploi du four à
réverbère, quelque peu exceptionnel, comme par exemple
pour la fonte des pièces mécaniques volumineuses, des
statues, etc.; une batterie de trois ou quatre de ces appareils convient à 2.000 kilos de fonte d'un seul jet.

Ils sont construits en tôle et affectent une forme carrée,
de façon à loger le combustible dans les angles, tout autour du creuset qui touche presque les parois; ils sont
munis d'une ceinture possédant deux tourillons, de façon
à basculer aisément à l'aide d'un levier; c'est, d'ailleurs,
par ces tourillons qu'il est possible de le soulever de son
emplacement au moyen d'une grue ou d'un transbordeur
quelconque.

La partie antérieure porte un orifice en forme de
bec, par où a lieu la sortie du métal fondu; une garniture
réfractaire existe à la base de l'appareil, supportée par des
cornières sur lesquelles se disposent encore les supports
des barreaux et du *fromage* (pièce en plombagine recevant le fond du creuset). Les barreaux ont une certaine
mobilité, favorable au décrassage et à la sortie des
scories.

Dans le haut du four, il y a une pièce en terre réfractaire
correspondant exactement au bec et recevant la butée de
la partie supérieure de la cornue; de l'autre côté du bec, on
coince celle-ci par un coin, également en terre réfractaire.

Les creusets se font en plombagine pour des poids à partir de 100 kilos environ ; on les pose sur un fromage de hauteur appropriée et on lute le creuset et le bec par un mélange de terre réfractaire et de plombagine qui doit se vérifier, au moment de la coulée, et se réparer, si besoin est, en introduisant dans les fissures le même mélange additionné d'un peu de verre pilé.

Avant de mettre l'appareil en service, il convient de le sécher au moyen de charbon de bois ou de coke qui portent l'ensemble du four et du creuset au rouge cerise, température qu'il ne faut pas dépasser ; cette opération doit, de plus, avoir lieu graduellement, et le creuset sera choisi parfaitement sec ; sinon la qualité de ce creuset s'en trouverait notablement diminuée et son usage réduit.

Quand le four est à bonne température, on ouvre progressivement le vent en chargeant toutefois le métal dans le creuset.

Ce chargement, dans les systèmes perfectionnés de la maison Piat, se fait par l'intermédiaire d'une *rehausse*, sorte de creuset supplémentaire surmontant le four ; le métal y est contenu et reçoit l'action du vent chaud par une série de petites tuyères percées sur le pourtour ; la rehausse n'a pas de fond, de manière à laisser arriver dans le creuset du dessous le bronze, au fur et à mesure de sa liquation, où il n'y a plus, par le fait, qu'à en entretenir la température.

Le combustible employé pour la fonte des bronzes et alliages est le coke de première qualité ; il encrasse moins tout en fournissant plus de calorique ; on le verse, avec un panier, à la quantité exactement nécessaire pour une opération, en prenant la précaution de protéger l'ouverture supérieure du creuset d'un *cône* pour que le coke n'y puisse tomber, si l'on ne se sert pas d'une rehausse.

Si le creuset revient de la coulée, on ringarde le four

dans tous les coins avant de recharger le coke, afin de faciliter la sortie du coke épuisé et d'enlever toutes les cendres qui s'y sont amoncelées lors de la fusion précédente. Quand le four fonctionne, on ne doit tourmenter le feu que peu fréquemment, car on briserait le coke qui passerait à travers la grille.

Fig. 317.

L'emploi d'une rehausse permet d'obtenir la fusion de 100 kilos d'un bronze moyen, avec 15 pour 100 seulement de coke ; la pression à donner au vent varie de 12 à 18 centimètres d'eau, et il est bon de la constater, en cours d'opération, avec un ventimètre, tube simple en verre de 2 centimètres environ de diamètre, recourbé en V et plein d'eau ; c'est la différence des niveaux dans les branches du tube qui indique la pression de régime.

Un ouvrier d'habileté moyenne peut produire 300 kilos à l'heure avec un seul four.

Aussitôt que le métal est bien fondu, on enlève la rehausse par les trous situés tout à fait dans le haut et disposés à cet effet; on vérifie d'abord si le creuset coince parfaitement contre les butées réfractaires et si le garnissage du bec n'a pas de fissures; puis on arrête la soufflerie et on s'assure que le bec est tout-à-fait propre, le réparant si besoin est. On écume ensuite la surface du bain et on peut, dès ce moment, faire la coulée soit en promenant le four entier au moyen des appareils de levage de l'atelier, soit en le faisant osciller à hauteur convenable pour le verser dans des poches préalablement chauffées.

Lorsque l'on a vidé le creuset, il convient, avant de remettre le four en place, et à toutes les deux ou trois opérations, de procéder à un nettoyage à fond; pour cela, le four étant horizontal sur ses tourillons, on écarte successivement les barreaux avec un ringard et on fait tomber toutes les crasses et scories en évitant surtout d'attaquer le creuset ou les parties réfractaires.

L'entretien du four est facile, surtout si l'on a fait choix de matériaux de première qualité pour le garnissage et le creuset ou même pour le combustible; quand il commence à s'user intérieurement, après une journée de marche, par exemple, on le répare en le garnissant avec de bonne terre réfractaire que l'on dame très fortement autour d'un mandrin; les vieux fonds de creusets, broyés et mélangés de terre réfractaire, peuvent être employés très avantageusement pour refaire les becs, en les battant dans des formes en fonte qui leur donnent les dimensions voulues.

Il se fait également des fours portatifs, depuis 20 kilos, construits sur le même principe et que l'on place, selon les circonstances, devant une cheminée quelconque; ils sont assez économiques pour lingoter les déchets et les lavures.

La façon de travailler les moules est la même que pour la fonte, à propos de laquelle nous avons donné des exemples assez nombreux ; mais, ici, les châssis sont bien moins volumineux et la matière employée pour les confectionner est, plus souvent que dans les fonderies de fer, le bois. Le travail des mouleurs a lieu, surtout pour les petites pièces, sur des tables, avec bacs à sable en dessous. Devant l'ouvrier sont disposées des tablettes, où ses outils et le petit matériel peuvent être placés.

Les moules doivent être étuvés lorsqu'ils sont terminés ; lorsqu'ils ont servi à la coulée, on les casse en évitant, autant que faire se peut, que les poussières nuisibles à l'hygiène ne se répandent dans l'atelier.

Il est bon de procéder à cette démolition sur des claies placées au-dessus de fosses où on arrose et éteint immédiatement le sable.

La sablerie est semblable aux installations où l'on traite la fonte de fer.

Après le démoulage, on soumet les pièces de bronze à toute une série d'opérations d'ébarbage, de nettoyage et de rachevage avec des brosses à main ou mécaniques, avec des tours à déboucher ou avec des meules, lorsque la fonderie de cuivre comporte une installation mécanique, ou au burin, à la lime, au grattoir, quand l'atelier n'en est pas pourvu.

FIN

TABLE DES MATIÈRES

DE LA TROISIÈME PARTIE

TROISIÈME PARTIE

Fonderie.

QUATRIÈME PARTIE

Travail du Cuivre.

ÉMILE COLIN, IMPRIMERIE DE LAGNY (S.-&-M.)

Librairie Bernard Tignol,
53 bis, Quai des Grands-Augustins
Téléphone 823.28

Électricité
INDUSTRIES DIVERSES
Arts et Manufactures — Chimie Industrielle

PREMIÈRE PARTIE

Ces livres sont envoyés franco, joindre à la demande le montant en un
mandat-poste

*Nous fournissons également tous les ouvrages de Science,
Industrie, Littérature, etc., qui ne figurent pas dans nos Catalogues*

**La Maison se charge de publier à son compte ou à celui des Auteurs
tous les ouvrages se rattachant à sa spécialité**

1904

PARIS
Librairie Bernard TIGNOL
PUBLICATIONS DE LA
LIBRAIRIE de L'ÉCOLE CENTRALE des ARTS et MANUFACTURES
53 bis, Quai des Grands-Augustins, 53 bis

Accumulateurs (Voir ÉLECTRICITÉ, PILES).

Les Accumulateurs électriques. Nouvelle édition, par F. CACHEUX, ingénieur-électricien. — 1 vol. in-16 avec figures dans le texte, 1901. — Prix.............. **4 fr.**

TABLE DES CHAPITRES. — Description et mode d'emploi des piles secondaires. — Les accumulateurs anciens et nouveaux. — Montage des éléments et choix du local pour les accumulateurs. — Charge et décharge. — Les accidents : leurs causes et leurs remèdes. — Résumé.

Acétylène.

L'Acétylène et ses Applications, par F. DOMMER, ingénieur des Arts et Manufactures, professeur à l'École de physique et de chimie industrielles de la Ville de Paris; 1 beau vol. in-8°. — Sous presse.

Cet ouvrage, est entièrement consacré à l'*Acétylène*, le nouveau et déjà célèbre concurrent du gaz et de l'électricité. Tout ce que nous savons à ce jour sur l'acétylène, préparation de carbure de calcium, emploi dans l'éclairage, lampes mobiles, régulateurs, application à la carburation du gaz, à la traction, aux produits chimiques, alcool, etc., est décrit minutieusement.

Acide sulfurique.

Fabrication de l'Acide sulfurique. Procédés de contact, par E. PETITGOUT, in-16, 10 figures, 1902. — Prix........ **1 fr. 50**

Aérostation.

Manuel pratique de l'Aéronaute. Étoffe. — Couture. — Filet. — Soupape. — Nacelle. — Lest. — Guide-rope. — Courants. — Observations. — Descente, etc. — Par W. DE FONVIELLE; in-16, figures. — Prix . **5 fr.**

3,000 kilomètres en Ballon, par Maurice FARMAN, 1 volume in-8° illustré de nombreuses figures. — Prix........... **3 fr. 50**

Machines aériennes d'aluminium (Fusairs et Uranes), par CONST. FONTANA, in-16 avec figures. — Prix.......... **1 fr. 50**

Aérostation. Construction, description et direction des ballons, par MIRET, in-8°, 58 pages, 37 figures. — Prix............. **2 fr. 50**

Agriculture.

Petite Encyclopédie d'Agri-culture, publiée sous la direction de M. A. LARBALÉTRIER, professeur à l'Ecole d'Agriculture de Grand-Jouan. Chaque ouvrage forme un volume in-16 avec nombreuses figures dans le texte. Les 10 volumes ensemble. Prix : **15 fr.**

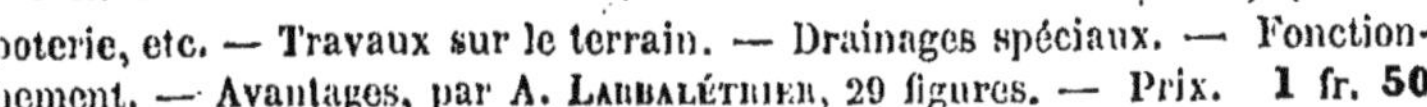

Les Engrais. Engrais chimiques. — Engrais naturels. — Engrais composés. — Formules. — Besoins des Plantes. — Analyse des Engrais par F. LEGRAND, 19 figures. — Prix . . . . . **1 fr. 50**

Le Drainage des Terres arables. Drains en bois, en poterie, etc. — Travaux sur le terrain. — Drainages spéciaux. — Fonction-nement. — Avantages, par A. LARBALÉTRIER, 29 figures. — Prix. **1 fr. 50**

Élevage du Bétail. Chevaux.—Bœufs.—Vaches.—Moutons.—Porcs, etc. par Em. DARBORY, propriétaire-éleveur, 55 figures . . . . **1 fr. 50**

Nos Légumes et nos Fleurs. Caractères. — Variétés. — Cul-ture. — Maladies, etc., par E. FAVEM et A. LARBALÉTRIER, 56 figures. **1 fr. 50**

Laiterie, Beurre et Fabrication des Fromages. Lait. — Analyse. — Conservation. — Écrémage. — Barattage. — Conservation. — Fromages mous, frais, affinés, cuits, etc., par E. RIGAUX professeur à l'École d'Agriculture de Mende, 320 pages, 73 figures . . . . **3 fr.**

Machines agricoles et Constructions rurales. Charrues. — Herses. — Semoirs. — Faucheuses. — Moissonneuses. — Lieuses. — Batteuses, etc. — Constructions : Écuries. — Bouveries. — Étables, in-16, nombreuses figures, par G. MÉNUL, 112 figures. — Prix. . . . . . **1 fr. 50**

Céréales et Fourrages. Culture pratique. — Froment. — Seigle. — Orge. — Avoine. — Sarrasin. — Trèfle. — Betterave, etc., par A. LARBALÉTRIER, 51 figures . . . . **1 fr. 50**

Arbres fruitiers et la Vigne. Fumure. — Conduite. — Multiplication. — Variétés : Abricotier. — Amandier. — Cerisier, etc. — La Vigne. — Cépage, Culture, Accidents, Maladies, par P. D'AYGALLIERS, 46 figures. . . . . **3 fr.**

Cidre, Poiré et Boissons économiques. Culture du pommier et du poirier. — Fabrication du cidre et du poiré. — Maladie du cidre, remèdes. — Eaux-de-vie. — Vinaigre. — Conservation des fruits. — Vins de Dattes, Figues, Poires, Pommes tapées. — Vins de fruits frais, Cerises, Prunes, Framboises, Groseilles, etc., 24 fig., par E. RIGAUX. **1 fr. 50**

Volailles, Lapins et Abeilles. Poules. Élevage, Incubation, Engraissement, Pintades, Dindons, Oies, Canards, Pigeons. — Lapins. Élevage, Alimentation. — Abeilles. Colonies, Nourriture, Rucher, Essaimage, Ruche, Récolte du miel, par E. PARADIS et A. MONTOUX, 52 fig. — Prix. **1 fr. 50**

Conserves alimentaires. Fruits, Légumes, Poissons et Viandes, par DE NOTER; 1 beau volume in-16, 67 figures. — Prix . . . . **3 fr.**

Fabrication de l'alcool; Distilleries agricoles, par E. ROBINET et G. CANU; 1 vol. in-16, 55 figures, cartonné. — Prix **3 fr.**

La Vaccination charbonneuse, d'après PASTEUR, par CH. CHAMBERLAND; in-8°, 10 figures, cartonnage toile. — Prix . . . . **5 fr.**

Aluminium.

L'Aluminium. Nouveaux procédés de fabrication. — Alliages. — Emplois récents de l'aluminium. — Par Ad. MINET, ingénieur-électricien; 2 volumes in-16, figures dans le texte. — Prix . . . . **9 fr.**

On vend séparément :
1re PARTIE : Fabrication. — Prix . . . . **4 fr. 50**
2e PARTIE : Alliages, Emplois. — Prix . . . . **4 fr. 50**

Amalgames.

Les Amalgames et leurs applications, par Léon de MORTILLET, ingénieur des Arts et Manufactures; in-8°. 1904. — Prix . . . . **2 fr**

Ammoniaque

L'Ammoniaque, ses nouveaux Procédés de Fabrication et ses Applications. L'Ammoniaque. — Ses sels ammoniacaux. — Propriétés physiques. — Fabrication. — Travail des Eaux ammoniacales. — Analyse de l'Ammoniaque. — Des Sels ammoniacaux. — Des Matières premières. — Dosage dans les Eaux. — Applications. — Production et Consommation. — Brevets. — Par P. TRUCHOT, ingénieur-chimiste; in-16, figures. — Prix . . . . **6 fr.**

Architecture et Constructions.

Aide-Mémoire de poche de l'Architecte et de l'Ingénieur-Constructeur, pour le calcul des Constructions. — Formules usuelles. — Fondations. — Poutres. — Planchers en fer et en bois. — Calcul des Fermes. — Maçonnerie. — Hydraulique. — Électricité. — Chauffage. — Escaliers, etc. — Tables. — Par Ch. Sée, ingénieur-architecte; 1 volume in-16, avec figures, cartonné, toilé anglaise. — Prix. . . . . **4 fr. 50**

Tables à l'usage des Constructeurs, donnant, par la connaissance de la corde et de la flèche, le rayon, l'angle au centre, etc. — Par L. Sergent, in-12 (1882). — Prix. . . . . **1 fr. 50**

Les Cheminées d'usines. Constructions. — Réparations, par Victor Lefèvre, ingénieur civil; 1 volume in-16 de 48 pages, avec 13 figures dans le texte. — Prix. . . . . **1 fr. 50**

La Tour Eiffel de 300 mètres de l'Exposition Universelle. — Historique et Description; par Max de Nansouty, ingénieur 1 volume in 16 de 140 pages; nombreuses figures. — Prix. . . . **2 fr. 50**

Arpentage.

Manuel pratique d'Arpentage et de levé des Plans, par G. Dallet, du Service géographique de l'Armée. 1 volume in-16, 73 figures dans le texte. — Prix. . . . . **4 fr.**

Automobiles (Voir Chauffeurs).

Manuel pratique du Constructeur d'Automobiles à pétrole, par Maurice Farman. — Un beau volume in-16, avec 65 figures dans le texte et un atlas de 20 planches in-4°. — Prix. . . . **9 fr.**

La fin de l'Exposition universelle a marqué l'entrée de l'automobilisme dans une seconde période qui permet enfin la publication d'un ouvrage mis au courant des derniers progrès accomplis et donnant, pour les plus importantes marques, les détails de construction de la voiture automobile et le montage du moteur.

Le livre de M. Maurice Farman sera aussi utile aux constructeurs et aux propriétaires qu'aux nombreux mécaniciens qui sont chargés journellement d'exécuter les réparations urgentes.

Manuel du Conducteur-Chauffeur d'Automobiles, par Maurice Farman. — Achat d'une Automobile. — Moteurs — Carburation. — Allumage. — Transmissions. — Freins. — Essieux. — Roues. — Différents types : Panhard, Renault, Mercédès, Mors, de Dietrich. etc. — Excursions. — Réglementation. — In-8°, 75 figures, 3me édition. 1904. — Prix. **4 fr. 50**

Bière.

Manuel pratique de la Fabrication de la Bière,
par P. BOULIN, chimiste-industriel; un gros volume in-16, avec figures dans le texte et une planche (plan d'une grande brasserie). — Préparation du malt. — Brassage. — Le moût. — Houblonnage. — Fermentation. — Levure. — Mise en levain, etc. -- Les fûts. — Caves. — Clarification. — Diverses méthodes de brassage. — Analyse. — Falsification, etc. — Prix. **9 fr.**

Tables du degré de fermentation et du rendement en extrait donnés immédiatement sans calcul,
par Jean STAUFFER, professeur à l'École de brasserie de Munich. 1 grand volume in-8° de 964 pages. Cartonné toile. — Prix. . . . **10 fr.**

Bois et Arbres.

Conservation des Bois.
Séchage rapide, imputrescibilité et ininflammabilité des bois, par P. DUMESNY, in-16 avec figures, 1902. — Prix. **1 fr. 50**

Arbres fruitiers et la Vigne.
Fumure. — Conduite. — Multiplication. — Variétés : Abricotier. — Amandier. — Cerisier, etc. — La Vigne. — Cépage, Culture, Accidents, Maladies, par P. D'AYGALLIERS, 48 figures. — Prix . . . . **3 fr.**

Traité de Sylviculture générale.
Culture, Aménagement et Gestion des Forêts, par Alexis FROCHOT, sous-inspecteur des Forêts. — 1 volume in-8°, 264 pages, 41 figures. — Prix . . . . **10 fr.**

Bougies (Voir SAVONS).

Théorie et pratique de la Fabrication des Bougies, des Chandelles et Savons de Toilette,
par Léon DROUX et V. LARUE, ingénieurs-chimistes ; in-8° de 592 pages, 108 figures dans le texte et un atlas de 19 planches in-4°, cartonnage toile anglaise.

Cet ouvrage doit être considéré comme un *vade-mecum* indispensable pour tous ceux dont l'industrie a pour base les matières grasses : fabricants d'acides gras, huiliers, stéariniers, chandeliers, savonniers et parfumeurs, etc. Sous une forme condensée, on y trouve, avec les renseignements les plus complets, les études théoriques et pratiques sur les matières premières, l'outillage, la fabrication, les progrès réalisés dans chacune de ces industries. — Prix. . . . . **20 fr.**

Boulangerie.

Manuel du Boulanger et du Pâtissier-Boulanger.
Boulangerie et Pâtisserie-Boulangère françaises et étrangères, par E. FAVRAIS, boulanger-pâtissier à Paris, fondateur de l'école professionnelle de la boulangerie; 1 beau volume in-8° avec 124 figures dans le texte, 2 planches en noir et 17 planches en couleur. — Prix. . . . . **12 fr.**

Briques et Tuiles.

Guide du Briquetier : Briques, Tuiles, Carreaux,
par Émile LEJEUNE, ingénieur-industriel, 4ᵐᵉ édition. — Sous presse.

Chaleur.

La Chaleur. Leçons élémentaires sur la thermométrie, la calorimétrie, la thermodynamique et la dissipation de l'énergie, par J. CLERK MAXWELL F. R. S., édition française d'après la 8me édition anglaise, par G. MOURET, ingénieur des ponts et chaussées, avec préface de M. A. POTIER, membre de l'Institut, in-16, figures dans le texte. — Prix. . . . . **6 fr.**

Chauffeurs (Voir AUTOMOBILES, MÉCANIQUE et MACHINES).

Catéchisme des Chauffeurs et des Machinistes, traitant de la législation, de la combustion, de l'entretien, de la conduite des machines, mise en marche, description des organes, arrêt, machines spéciales, chaudières, foyers, appareils de sûreté, etc., 6me édition, revue et augmentée d'un appendice, in-16, figures dans le texte.
Prix . . . . **1 fr. 50**

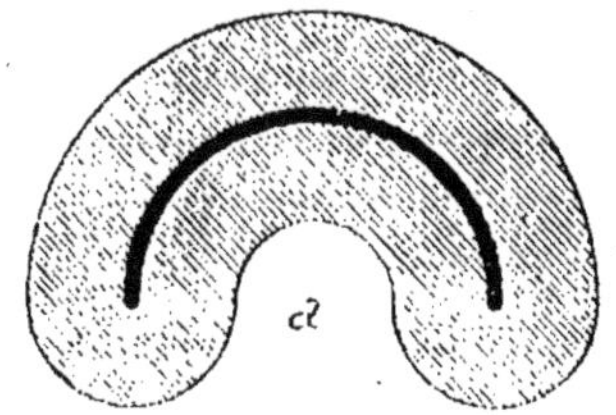

Chaux et Ciments (Voir BRIQUES ET TUILES).

Guide du Chaufournier et du Plâtrier, du fabricant de ciments, bétons et mortiers hydrauliques, par Émile LEJEUNE, ingénieur; 3me édition, 1 beau volume in-16, 59 figures dans le texte. — Prix . . . . . . **5 f.**

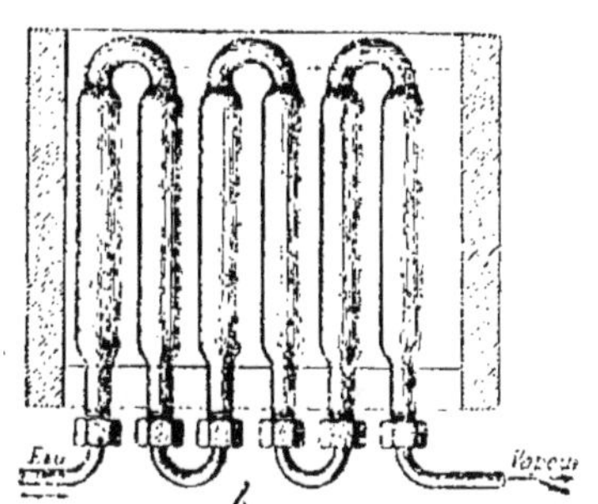

Coupe d'un tube de générateur
Serpollet.
Raccord des tubes dans le générateur.

Chemins de fer.

Calcul des Voies. Partie théorique et Formules, par J. MARIDET, chef de section P.-L.-M., in-8°, 1876, — Prix réduit . . . . **2 fr. 50**

Chimie (Voir page 28).

Dictionnaire de Chimie industrielle, contenant toutes les applications de la Chimie à l'Industrie, à la Pharmacie, à la Métallurgie, à l'Agriculture, à la Pyrotechnie et aux Arts et Métiers, avec la traduction russe, anglaise, allemande, espagnole et italienne des principaux termes techniques, par M. A.-M. VILLON, ingénieur-chimiste, professeur de technologie chimique, ancien rédacteur en chef de *la Revue de Chimie industrielle*, et par M. P. GUICHARD, Président de la Société de Pharmacie Membre de la Société chimique de Paris, ancien professeur de Chimie et de Teinture à la Société industrielle d'Amiens; 3 beaux volumes in-4°, 2,300 pages, 1,200 figures. — Prix . . . . **75 fr.**

On vend séparément :
Le tome Ier, **30** fr. — Le tome II, **25** fr. — Le tome III, **25** fr.

Principes de Chimie, par Dimitri Mendéléeff, professeur à l'Université de Saint-Pétersbourg (édition française), par MM. Achkinasi et Carrion,

avec préface par M. le professeur Armand Gautier, 2 vol. in-16 cartonnés.

Tome I. — L'étude de la chimie. — L'eau et ses combinaisons. — Composition de l'eau et hydrogène. — L'oxygène. — Ozone et peroxyde d'hydrogène. — Loi de Dalton. — Azote et air atmosphérique. — Composés hydrogénés de l'azote. — Molécules et atomes. — 1 vol. in 16, nombreuses figures, 585 pages. — Prix. . . . . **7 fr. 50**

Tome II. — Carbone et hydrocarbures. — Chlorure de sodium. — Les Halogènes : chlore, brome, iode, fluor. — Potassium, rubidium, cesium, lithium. — Capacité calorique des métaux. — Similitude des éléments et Loi périodique. 1 vol. in-16, figures dans le texte, 499 pages. — Prix. **7 fr. 50**

Chocolat.

Manuel pratique du Chocolatier. Le Cacaoyer et sa culture. — Examen et choix du cacao. — Aromates. — Fabrication du chocolat. — Mélange. — Broyage et finissage. — Installation d'une chocolaterie moderne. — Différentes sortes de chocolat. — Moulage et empaquetage. — Falsification. — Par L. de Belfort de La Roque; in-16, nombreuses fig. — Prix. **4 fr. 50**

Cidre.

Cidre, Poiré et Boissons économiques. Culture du pommier et du poirier, — Fabrication du Cidre et du Poiré. — Maladie du Cidre, Remèdes. — Eaux-de vie — Vinaigre. — Conservation des fruits. — Vins de Dattes, Figues, Poires, Pommes tapées. — Vins de fruits frais : Cerises, Prunes, Framboises, Groseilles, etc., 24 fig., par E. Rigaux. **1 fr. 50**

Combustibles (Voir Gaz).

Étude sur les Combustibles en général et sur leur emploi au chauffage par les gaz, par M. Lencauchez, ingénieur civil; 1 vol. grand in-8°, 344 pages, 55 fig. dans le texte et un atlas de 31 pl. in-folio. — Prix. **16 fr.**

Comptabilité.

Traité général théorique et pratique de Comptabilité commerciale, Industrielle et administrative, par G. Oppelt. — Ouvrage adopté pour l'Enseignement.

1 volume in-8° (1876), 367 pages. — Prix réduit. . . . . **4 fr.**

Conserves.

Manuel des Conserves alimentaires. Fruits, Légumes, Poissons, Gibier et Animaux de boucherie, in-16, nombreuses figures, 1902, par R. DE NOTER. — Prix . . . . . **3 fr.**

Corderie.

Fabrication des Cordes, Câbles, Ficelles et Filins. Fabrication à la main et fabrication mécanique. — Matières textiles. — Variétés. — Goudronnage. — Cordes en chanvre. — Chanvre de Manille. — Essai des cordages. — Chanvre de corderie. — Défibrage des vieux câbles. — Cordes de fantaisie, etc. — Par Alfred RENOUARD, manufacturier à Lille; in-8°, 44 figures. — Prix. . . . . **10 fr.**

Spécimen des figures : Autoclave. Appareil domestique pour la cuisson des conserves pour restaurants, hôtels, châteaux, etc.

Corps gras.

Les Corps gras. Huiles végétales, non-siccatives, siccatives. — Huiles animales. — Graisses végétales. — Graisses animales. — Suifs. — Cires. — Matières grasses minérales. — Lubrifiants, etc. — Par A.-M. VILLON, ingénieur-chimiste, in-16, figures dans le texte. (2me tirage). — Prix. . **6 fr.**

Le Frottement, le Graissage des Machines et les Lubrifiants, par R. H. THURSTON, professeur à l'Université de New-York, 2me édition française: 1 vol. in-16, avec figures dans le texte. — Prix. . . . . **4 fr.**

Couleurs (Voir TEINTURE).

Manuel pratique de la Fabrication des Couleurs. Matières premières employées dans la préparation des couleurs, essences et vernis, par MM. R. LEMOINE et Ch. DU MANOIR; 1 beau volume in-8°, 360 pages. — Prix. . . . . **6 fr.**

L'ouvrage que nous présentons au public est le plus complet qui ait été fait jusqu'à ce jour; les documents et les matériaux dont nous nous sommes entourés ont été puisés aux sources les plus sûres, nos expériences personnelles nous ont permis d'écarter de la pratique tout ce qui n'offrait pas une garantie suffisante.

Nous avons évité l'emploi des termes scientifiques, ayant moins en vue de faire une œuvre de savant que d'être utile à ceux qui emploient journellement les couleurs.

Nous espérons avoir rendu service à tous ceux qui s'occupent de la couleur, à quelque titre que ce soit, et qu'ils nous sauront gré de la publication de ce travail.

Notions générales sur les Matières colorantes organiques artificielles, par Jules MAMY: 1 volume in-16, 72 pages. . . . . **1 fr. 50**

Distillation. — Alcools. — Liqueurs.

Guide pratique du Distillateur. Fabrication des Liqueurs. Distillation. — Rectification. — Filtrage. — Tranchage. — Générateurs. — Matières sucrées. — Conserves. — Sirops. — Punchs. — Miels et Hydromels. — Fruits à l'eau-de-vie. — Boissons gazeuses. — Liqueurs de ménage. — Par Édouard ROBINET (d'Épernay): 1 fort volume in-16, 424 pages. — Prix. . . . . **5 fr.**

Un Guide du Liquoriste comprenant non seulement la fabrication industrielle des liqueurs, mais encore toutes les recettes connues utilisables par un ménage, manquait dans la série des ouvrages publiés jusqu'à ce jour, c'est cette lacune que nous avons comblée.

Manuel pratique de la Fabrication des Alcools. Alcools de vin, de cidre, de poiré, de betteraves. de mélasses, etc., par E. ROBINET et CANU ; in-16, 32 figures dans le texte. — Prix. . . **3 fr.**

Distillation. Traité ou Manuel complet théorique et pratique de la distillation de toutes les matières alcoolisables : grains, pommes de terre, vins, betteraves, mélasses, etc., contenant la description de tous les principaux appareils connus et en usage dans la pratique, par Charles STAMMER; 1 vol. grand in-8°, 452 pages, accompagné de 88 fig. dans le texte et de nombreux tableaux. Cartonné toile anglaise (1880). — Prix. . . . . **20 fr.**

Dynamos.

Les Machines dynamo-électriques. De leur origine jusqu'aux derniers types industriels, par P. CLÉMENCEAU, Ingénieur des Arts et Manufactures. — 1 vol. in-16 avec 116 fig. dans le texte. — Prix. . **5 fr.**

TABLE DES MATIÈRES. — Théorie de l'induction. — De la machine dynamo-électrique. — Historique et machines diverses. — Anneau Gramme et modifications. — Machines dynamo-électriques à courants alternatifs. — Machines magnéto-électriques à courants alternatifs. — Machines à courant continu et induit en forme d'anneau. — Machines dynamo-électriques à induit en forme de bobine ou tambour cylindrique. — Machines dynamo-électriques à courants alternatifs. — Machine magnéto-électrique. — Machine à induit en forme de disque. — Notions pratiques relatives aux machines dynamos.

Eaux.

Manuel pratique d'Analyse micrographique des Eaux, par P. Fabre-Domergue, directeur du Laboratoire de Zoologie maritime; in-16, 10 fig. — Prix. . . . . 1 fr. 50

École Centrale des Arts et Manufactures.

(Portefeuille des Travaux de Vacances, voir deuxième partie du Catalogue.)

Électricien. — Manuels d'Électricité. — Lumière Électrique.

Manuel pratique du Monteur-Electricien. Le Mécanicien-chauffeur-électricien. — Montage et conduite des installations électriques, etc., par J. Laffargue, ingénieur-électricien, attaché au service municipal de contrôle des Sociétés d'électricité de la Ville de Paris. — Petit in-8°, reliure anglaise, 1012 pages, 700 figures et 5 planches en couleurs. — Septième édition 1904. — Prix. . . . . 10 fr.

Cet ouvrage rendra d'éminents services, d'abord aux monteurs et aux chauffeurs, mais aussi aux ingénieurs et aux chefs d'industrie. Aucun ouvrage analogue ne peut lui être comparé. Il y a abondance de livres sur l'électricité, mais, aucun que nous sachions, ne groupe dans un exposé aussi méthodique, aussi clair, autant de renseignements pratiques. C'est là l'originalité de l'ouvrage. L'auteur, comme on dit, met la main à la pâte, et il ne craint pas d'insister sur les menus détails. Avec lui, on ne se contente pas de la théorie, on fait du métier. Sous sa direction, on devient vite expert dans l'art de manier les machines, les distributeurs électriques et leurs accessoires. Au fond il s'agit d'un cours d'électricité industrielle fait par un ingénieur très compétent. M. Laffargue a

professé ce cours depuis des années à la fédération professionnelle des chauffeurs de France et d'Algérie; plus que personne, il a compris comment il fallait s'y prendre pour familiariser ses auditeurs avec les petites difficultés d'ordre pratique qui gênent les débutants, aussi a-t-il réussi à écrire un livre que nous ne craignons pas de qualifier de « modèle du genre ».

Ce Manuel est d'ailleurs complet sous sa dernière forme. Production de l'énergie, dynamos à courants continus alternatifs, polyphasés, accumulateurs, transformateurs, appareils de mesure, canalisations, installations publiques et privées, etc. N'insistons pas davantage. Ce qu'il importe que l'on sache, c'est qu'il existe maintenant un manuel, un vrai guide pratique du monteur, un *vade-mecum* de l'électricien. Ce livre rendra de véritables services à l'industrie.

Les Lampes électriques. Régulateurs. — Incandescence, par P. d'Urbanitzki. — Deuxième édition française, revue et augmentée, par Georges Fournier, ingénieur-électricien. — Un beau volume in-16 de 250 pages avec 126 figures dans le texte. — Prix. . . . . **4 fr 50**

Manuel pratique de l'installation de la Lumière électrique, par J.-P. Anney, ingénieur-électricien.

1re partie. — Installations privées. — Troisième édition. — 1 beau volume in-16 de 344 pages, avec 135 figures dans le texte. — Prix. . . . . . . **5 fr.**

2me partie. — Stations centrales. — 1 beau volume in-16, avec 99 figures dans le texte et 10 planches dont 8 en couleurs. — Prix . . . . **7 fr.**

Extrait de la Table des Chapitres. — 1er volume. — *Installations privées*, avec 135 figures dans le texte. — Règles générales d'installation. — Moteurs. — Machines électriques. — Installation des machines et leur entretien. — Accumulateurs. — Lampes à arcs. — Bougies. — Lampes à incandescence. — Appareils de mesure. — Appareils de sécurité et de contrôle. — Interrupteurs et commutateurs. — Régulateurs de courant. — Tableaux de distribution. — Conducteurs. — Installations et canalisations. — Installations particulières.

2me volume. — *Stations centrales*, avec 99 figures dans le texte et 10 planches. — Distributions de courant. — Distributions à haute tension. — Distributions par transformateurs à courants continus. — Distributions par transformateurs à courants alternatifs. — Compteurs. — Établissement des usines. — Établissement du réseau. — Installations intérieures chez les abonnés.

L'Électricité dans la Maison moderne, par Ernest Coustet, ingénieur-électricien. — Production du courant. — Éclairage. — Chauffage. — Moteurs domestiques. — Assainissement. — Sonneries. — Horloges. — Téléphone. — Paratonnerres. — 1 fort volume in-16, avec 185 figures (1900). — Prix cartonné. . . . . **4 fr. 50**

Câbles d'Éclairage électrique et Distribution de l'Électricité, par Stuart A. Russel. — Traduit avec l'autorisation de l'auteur par G. Formentin. — 1 fort volume in-16, avec 107 figures dans le texte. — Prix, reliure toile anglaise. . . . . **6 fr.**

Aide-Mémoire de l'Ingénieur-Électricien. Recueil de tables, formules et renseignements pratiques à l'usage des électriciens, par G. Duché, B. Marinovitch, E. Meylan et G. Szarvady. — Sixième tirage, augmenté par P. Juppont, ingénieur des Arts et Manufactures. — 1 beau volume in-16, nombreuses figures intercalées dans le texte, cartonnage anglais. Prix . . . . **6 fr.**

Catéchisme d'Electricité pratique. Premières leçons à la

portée de tous. — Électricité statique. — Magnétisme. — Unités et Mesures. — Piles. — Accumulateurs. — Machines dynamo et magnéto-électriques. — Lampes et Éclairage. — Téléphonie. — Sonneries. — Par Ernest Saint-Edme, ancien professeur de physique à l'École Turgot. — 1 volume in-16 avec 73 fig., cartonné, deuxième édition. — Prix . . . . . **2 fr. 50**.

Table des Chapitres. — Chapitre I. Généralités sur l'électricité statique. — Chapitre II. Magnétisme. — Chapitre III. Unités et Appareils de mesure. — Chapitre IV. Les Piles électriques. — Chapitre V. Accumulateurs. — Chapitre VI. Les Machines magnéto et dynamo-électriques. — Chapitre VII. L'Éclairage et les Lampes électriques. — Chapitre VIII. Tableaux de distribution; conducteurs; installations de lignes. — Chapitre IX. Téléphonie. — Chapitre X. Sonneries électriques.

L'Électricité industrielle à la portée de tous,

par Cl. Créchet, Ingénieur, Professeur du cours d'électricité de la Ville du Havre. — 1 beau volume in-8°, 325 pages, 224 figures. — Prix. **2 fr. 50**

Les Compteurs d'Électricité, par Ernest Coustet. 1 beau

volume in-16 avec 56 figures dans le texte. — Prix . . . . **2 fr. 50**

Dégagé de principes abstraits et de calculs compliqués, cet ouvrage a été rédigé de façon à être accessible à tous. Il pourra être mis utilement entre les mains du monteur chargé de placer les compteurs, de les régler, de les vérifier et de les nettoyer. L'employé qui recueille chaque mois les indications des totalisateurs, en vue du calcul de la dépense, le consultera avec fruit. Enfin, l'abonné lui-même pourra y trouver des notions intéressantes, lui permettant de se rendre compte de la marche du compteur installé chez lui, de reconnaître si les factures qui lui sont présentées correspondent bien aux indications des cadrans et de vérifier si ces dernières sont exactement en rapport avec sa consommation effective.

Électrolyse (Voir Galvanoplastie.)

L'Électrolyse et l'Électro-Métallurgie, par Edouard

Japing, ingénieur-électricien. — Troisième édition française, augmentée d'un appendice sur l'électro-métallurgie à l'exposition de 1900, par L. Guillet, ingénieur-chimiste, 1 volume in-16 illustré de nombreuses figures dans le texte. — Prix . . . . **4 fr.**

Encres et Cirages.

Fabrication des Encres et Cirages. *Encres à écrire, à copier, métalliques, à dessiner, lithographiques. — Cirages, vernis et dégras. —* Encres à écrire. — Matières premières. — Constitution chimique. — Fabrication des encres à l'acide tannique. — Encres à l'acide gallique. — Encres au campêche. — Encres au sesquioxyde de fer. — Encres à l'alizarine. — Encres de matières extractives. — Encres à copier. — Encres hectographiques. — Encres de sûreté. — Extraits d'encres et encres en poudre. — Conservation de l'encre. — Encres de couleur. — Encres métalliques. — Encres solides. — Encres et crayons lithographiques. — Crayons autographiques. — Crayons d'encre. — Crayons de couleur. — Encres à marquer. — Encres spéciales. — Encres sympathiques. — Encres pour timbres et tampons. — Bleu d'azurage du linge. — Fabrication du cirage pour chaussures, des vernis, et de la graisse pour le cuir. — Fabrication du noir d'os. — Fabrication du dégras. — Édition française, par DESMAREST, d'après LEHNER et BRUNNER. — 1 volume in-16 de 345 pages. — Prix. . . . **5 fr.**

Fécule.

Fabrication de la Fécule et de l'Amidon, par J. FRITSCH, chimiste; in-16 avec 112 figures. — Prix. . . . . **6 fr.**

Filets de pêche.

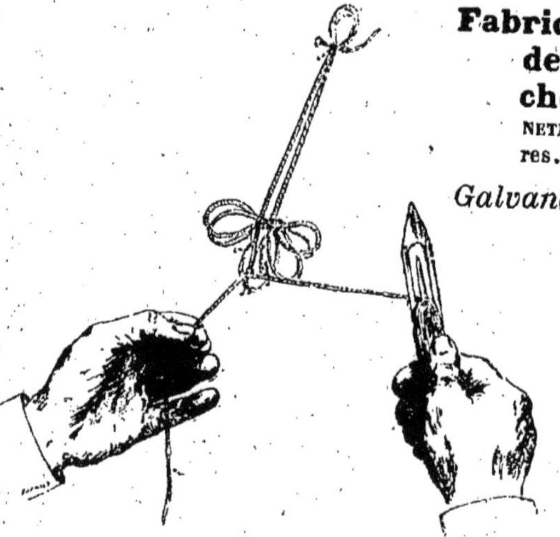

Fabrication des filets de pêche.

Fabrication et Emploi des Filets de Pêche, par le commandant VANNETELLE; 1 vol. in-16, 64 figures. — Prix. . . . . . **3 fr.**

Galvanoplastie (Voir ELECTROLYSE).

Manuel de Galvanoplastie. Dorure, argenture, cuivrage, nickelage, étamage, par Georges BRUNEL; 1 volume in-16, avec 28 fig. dans le texte. — Prix . . . **4 fr.**

Galvanoplastie. — Décomposition électrolytique. — Appareils. — Sources d'électricité. — Piles. — Machines dynamos. — Accumulateurs. — Préparation des surfaces. — Moulage. — Métallisation. — Mise au bain. — Galvanotypie.

Électrochimie. — Préparation des surfaces. — Décapages. — Dorure à froid, à chaud. — Dédorage. — Extraction de l'or des vieux bains. — Argenture. — Conduite de l'opération. — Résumé des opérations. — Désargenture. — Extraction de l'argent des vieux bains. — Argenture des miroirs et des glaces. — Cuivrage. — Laitonisage. — Nickelage. — Préparation des pièces. — Conduite de l'opération. — Dénickelage. — Divers métaux. — Zingage. — Ferrage et aciérage. — Platinage. — Aluminiage. — Plombage. — Étamage. — Antimoniage. — Cobaltisage.

Dépôts métalliques par simple immersion. — Finissage des pièces.— Procédés, Recettes et tours de main. — Dorure au trempé. — Dorure de l'aluminium. — Argenture au trempé. — Cuivrage au trempé. — Étamage au trempé. — Antimoniage au trempé. — Ors de couleur. — Argent et vieil argent. — Epargnes. — L'anthropoplastie galvanique. — Formules et procédés utiles. — Recettes diverses.

La Galvanoplastie. Histoire et procédés. — Dorure. — Argenture. — Nickelage. — Photogravure sur zinc et cuivre à la portée des amateurs par Paul Laurencin. — 1 volume in-16, 5ᵐᵉ édition, cartonné. — Prix. **3 fr.**

Gaz (Voir Combustibles).

Études sur divers Gaz combustibles, par A. Lencauchez, ingénieur civil.

Production des gaz, des gazogènes et des hauts-fourneaux, épuration et emploi par les moteurs à gaz; 116 pages, 4 planches, 10 figures, 1902. — Prix. . . . . **3 fr.**

Géodésie.

Manuel pratique de Géodésie, par G. Dallet, du Service géographique de l'Armée; in-16, figures dans le texte. — Prix. . . **4 fr.**

Goudrons.

Étude sur les Goudrons et leurs nombreux Dérivés, par Knab, ingénieur-chimiste, grand in-8° de 102 pages avec 8 fig. (1884).— Prix. . . . . **3 fr.**

Horlogerie.

L'Horlogerie électrique, par A. TOBLER, professeur à l'École
polytechnique de Zurich. Édition française revue et augmentée, par L. DE
BELFORT DE LA ROQUE, ingénieur civil. — Un volume in-16, avec 65 figures
dans le texte. — Prix. . . . . **3 fr.**

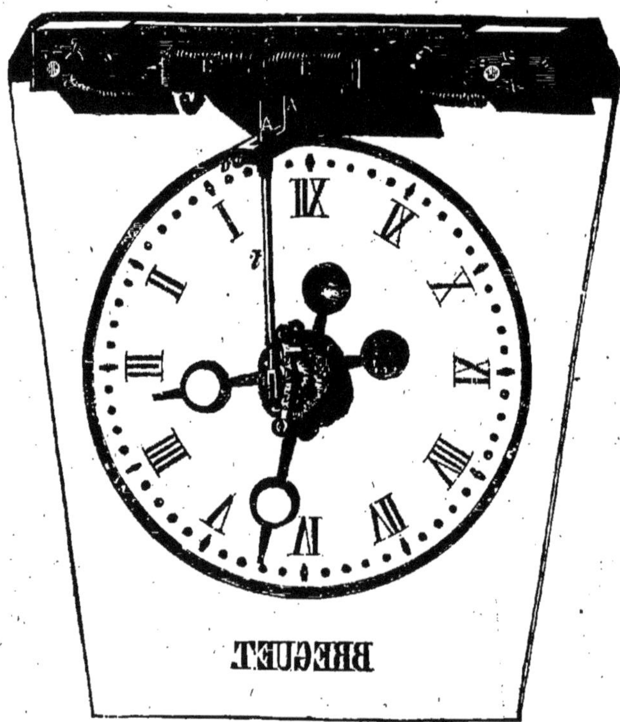

Horloge électrique, système BRÉGUET.

TABLE DES MATIÈRES. — Unités de mesures. — Unités fondamentales, système
C. G. S. — Unités géométriques. — Unités mécaniques. — Unités électro-magné-
tiques. — Introduction. — Appareils à cadrans sympathiques et régulateurs. —
Horloges de Wheatstone, Bain, Garnier, Stöhrer, Fritz, Bréguet, Siemens et
Halske, du chemin de fer de Droz, de Houdin-Callaud et Mildé, Gloesener, Hipp.
Arzberger. — Appareil de contact à mercure de Leclanché et Napoli, et de
E. Lias. — Remise à l'heure. — Systèmes de Bréguet, de Collin. — Réglages des
horloges à Berlin, à Paris. — Système de Barraud et Lund. — Système de Hipp.
— Horloges à pendules électriques de Liais et de Kramer. — Horloge à pendule
de Hipp. — Horloge de Schweizer. — Pendules à remontoir électrique. —

Pendules à remontoir Mouilleron et Anthoine. — Pendule de Callaud. — Horloge de M. Bréguet. — Pendule électrique à remontoir et à sonnerie, système Japy frères et Cie. — Horloges électriques, système Château. — Horloges à remontage électrique.

Houille.

La Houille. Épuration, criblage, triage et lavage de la houille, par A. Burat, ingénieur, professeur à l'École centrale des Arts et Manufactures; in-4° avec 8 planches in-folio (1881). — Prix . . . . **10 fr.**

Ingénieur.

Carnet de l'Ingénieur. Recueil de tables, de formules et de renseignements usuels et pratiques sur l'industrie, chimie, physique, mécanique, machines à vapeur, hydraulique, résistance, frottements, etc., à l'usage des ingénieurs, des constructeurs, des architectes, des chefs d'usines, des mécaniciens, des directeurs et conducteurs de travaux, des agents-voyers, des manufacturiers et des industriels; par une réunion d'ingénieurs et de savants français et étrangers (Carnet Lacroix); 1 volume in-16, relié toile, format de poche, 400 pages petit texte compact, avec nombreuses figures, etc. — 53ᵐᵉ tirage. — Prix . . . . **4 fr. 50**

Irrigations.

Irrigations du Midi de l'Espagne, par M. Aymard, ingénieur des Ponts et Chaussées; in-8°, 320 pages et atlas de 16 planches in-fol. — Publié à 30 fr. (1864). — Prix . . . . **18 fr.**

Tout le monde sait que des résultats merveilleux ont été obtenus dans le Midi de l'Espagne, contrée autrefois aride et dévastée par les torrents; mais peu de personnes connaissent les travaux qui ont amené ces résultats, et pourraient dire par quelles combinaisons administratives on a pu grouper et réunir en faisceau toutes les volontés qui ont concouru à créer l'état de choses existant et qui concourent à le maintenir et à l'améliorer.

L'ouvrage de M. Aymard est tellement rempli de faits et présente, sur une foule de points, des renseignements si détaillés et si étendus, qu'il est presque impossible de l'analyser. Il donne une description détaillée des travaux à l'aide desquels on a créé les irrigations. L'auteur a aussi consacré un chapitre fort complet à l'alimentation des villes qu'il a visitées.

Laine.

Travail des Laines cardées. Cardage et filage, par A. Lohrisch, édition française, par H. Danzer, ingénieur; in-8°, 86 pages et 52 figures. Prix . . . . **3 fr.**

Lait.

Laiterie, Beurre et Fabrication des Fromages. Lait. — Analyse. — Conservation. — Écrémage. — Barratage. — Conservations. — Fromages mous, frais, affinés, cuits, etc., par E. Rigaux, professeur à l'École d'Agriculture de Mende, 320 pages, 73 figures. — Prix . . . **3 fr.**

Laminage.

Manuel pratique de Laminage du Fer. Principe du laminage. — Influence du diamètre des cylindres. — Influence de la vitesse. — Influence de la nature, de l'état calorique et de la manière dont on présente le fer aux cylindres. — Applications des principes du laminage. — Classement des trains de laminoirs. — Règle du tracé des cannelures. — Classification des trains de laminoirs. — Trains de puddlage. — Gros train nº 1. — Gros train nº 2. — Train cadet. — Train à guides. — Train mixte. — Train machine. — Généralités sur les cylindres. — Classification des cylindres. — Lignes des cannelures. — Entrée des cannelures. — Sortie des cannelures. — Guidage des cylindres. — Levage des cylindres. — Montage des cylindres dans les cages. — Guidage du fer à l'entrée et à la sortie des cylindres. — Tracé des cannelures.

Acier : Dégrossisseurs ogives. — Dégrossisseurs carrés. — Mises du puddlage. — Fers plats. — Gros ronds. — Gros carrés. — Feuillards. — Fers en U. — Fers à T doubles-cornières. — Fers à simple T. — Fers à paumelles. — Fers zorès. — Rails. — Fers à bourrelets. — Fers demi-ronds. — Vitrages et demi-vitrages. — Fers à nœuds pour crampons. — Petits carrés aux guides. — Petits ronds droits aux guides.

Par F. Neveu et L. Henry, ingénieurs-métallurgistes; 1 volume in-16, avec 6 figures et 10 tableaux et atlas de 117 planches in-folio. — Prix. . **40 fr.**

Mécanique et Machines (Voir Chauffeurs).

Éléments proportionnels de Construction mécanique, disposés en séries propres à faciliter l'étude et l'exécution des diverses pièces détachées des constructions mécaniques, par D.-A. Casalonga, ingénieur civil, ancien élève des Arts et Métiers ; 1 vol. cartonné, grand in-4°, comprenant un texte et 64 planches. — Prix . . . . **25 fr.**

Le but de cet ouvrage est de permettre de déterminer rapidement par une simple lecture et d'une façon précise, les dimensions des divers détails d'une construction mécanique donnée.

Il se compose d'un texte et de planches comprenant les figures des pièces étudiées et divers tableaux donnant toutes les dimensions des séries les plus employées.

Cet ouvrage contient 2,405 séries et 37,734 dimensions diverses.

Les dessinateurs-mécaniciens, les chefs de travaux ou de bureaux de dessin, les ingénieurs pour la construction, trouveront un aide efficace et un contrôle sûr dans la possession de ces documents, où ils puiseront les détails des projets dont ils auront déterminé les conditions principales.

Catéchisme des Chauffeurs et des Machinistes. Législation. — Combustion. — Conduite. — Entretien. — Mise en marche. — Organes, etc., 5ᵐᵉ édition revue et augmentée, in-16, figures dans le texte. Prix, cartonné . . . . **1 fr. 50**

Des Régulateurs appliqués aux Machines à vapeur par V. Lebeau, in-8°, 19 figures (1890). — Prix . . . . **2 fr.**

Manuel de l'Ouvrier Mécanicien. 8 volumes in-16 avec nombreuses figures dans le texte, par M. Georges Franche, ingénieur-mécanicien (Arts et Métiers, E. C. P).

1re Partie. — *Principes de Mécanique générale :* Statique, Cinématique, Dynamique, Théorie de la chaleur. Un vol. in-16 cartonné, 95 figures. Prix . . . . **2 fr.**

2me Partie. — *Outils, Machines-Outils :* Travail du bois. — Travail des métaux. — 1 volume in-16 cartonné, 79 figures. — Prix. . . . . . **2 fr.**

3me Partie. — *Forge et Fonderies :* Travail du fer. — Travail du cuivre. — 1 volume in-16 cartonné, 143 figures. — Prix . . . . **2 fr.**

4me Partie. — *Engrenages et Transmissions :* Engrenages cylindriques, coniques, hélicoïdaux. — Transmissions fixes. — Arbres. — Poulies. — Flexibles, in-16, cartonné, 88 figures. — Prix . . . . **2 fr.**

5me Partie. — *Boulons, Rivets, Chaudronnerie :* Assemblage. — Filetage et taraudage. — Chaudronnerie de fer. — Chaudronnerie de cuivre. — Chaudières. — 1 volume in-16 carré cartonné, 167 figures. — Prix. **2 fr.**

6me — Machines à vapeur;
7me — Moteurs à gaz, pétrole et alcool. } *En préparation.*
8me — Hydraulique.

Cours de Chaudières et de Machines à vapeur.
Théorie et pratique, par L. Poillon, ingénieur-mécanicien (1877) avec supplément (1879), 2 beaux volumes in-8°, 687 pages et 14 planches. — Publié à **30 fr.** — Réduit à . . . . **7 fr. 50**

Mines. — Minéralogie. — Lithologie (Voir Sondages).

Manuel pratique du Prospecteur. — Guide du prospecteur et du voyageur pour la recherche des métaux et des minéraux précieux, par J.-W. Anderson. — Édition française, d'après la huitième édition anglaise, par J. Rosset, ingénieur civil des Mines. — In-16, 73 figures dans le texte (1901). Prix : cartonné toile, **5 fr.** ; broché. . . . . **4 fr. 50**

Cours de Minéralogie professé à l'École Centrale, par de Selle, professeur à l'École Centrale. — Minéralogie : phénomènes actuels. Les dix-huit premiers chapitres traitent des phénomènes qui ont bouleversé notre globe; les chapitres suivants traitent de la minéralogie et donnent la description de toutes les espèces et variétés minérales considérées comme indiscutables et classées par familles; 1 fort volume de 585 pages in-8° et 1 atlas de 147 planches comprenant 978 figures et 27 tableaux. (Publié à 25 fr.). — Prix . . . . **7 fr. 50**

Lithologie du fond des Mers, publié sous les auspices de MM. les Ministres de la Marine et des Travaux publics, par M. DELESSE, ingénieur en chef des Mines, professeur à l'École des Mines. — 1 volume in-8°, 480 pages de texte; 1 volume de 136 pages de tableaux et un atlas de 4 planches in-folio. en couleurs (Publié à 35 francs). — Prix . .   **7 fr. 50**

Navigation.

La Navigation Sous-Marine. Bateaux sous-marins historiques. — Bateaux sous-marins actuels ; par A.-M. VILLON. — 1 vol. in-16, 11 figures. — Prix . . . . **1 fr. 50**

Or.

L'Or. Gîtes aurifères. Extraction de l'Or. Traitement du minerai. — Emplois et analyse de l'or. — Vocabulaire des termes aurifères. — Par H. DE LA COUX, ingénieur-chimiste ; 1 beau volume in-16, nombreuses figures dans le texte. — Prix. . . . . **5 fr.**

Parfumerie.

Manuel du Parfumeur. Odeurs, essences, extraits et vinaigres de toilette, poudres, sachets, pastilles, émulsions, pommades, dentifrices ; par W. ASKINSON ; 2me édition française, par G. CALMELS. — Histoire de la parfumerie. — Matières odorantes en général. — Matières odorantes extraites du règne végétal. — Matières animales. — Produits chimiques. — Préparation des matières odorantes. — Des falsifications des huiles essentielles. — Essences et extraits. — Parfumerie proprement dite. — Parfums de mouchoirs. — Parfums ammoniacaux. — Des parfums secs. — Pastilles fumigatoires. — Parfumerie cosmétique et hygiénique. — Préparation des émulsions, des poudres, des pâtes, du lait végétal et des crèmes. — Des préparations employées pour l'hygiène des cheveux et de la bouche. — Parfumerie cosmétique. — Fards et produits servant à embellir la peau. — Préparation pour colorer les cheveux et préparations épilatoires. — Cires, bandolines et brillantines. — Des couleurs employées en parfumerie. — 1 fort volume in-16 avec 30 figures dans le texte. — Prix. . . . . **6 fr.**

Les Huiles essentielles, par E. GILDEMEISTER et FR. HOFFMANN. Traduction par A. GAULT, avec préface de A. HALLER, professeur à l'Université de Paris. — Historique des procédés et appareils distillatoires. — Préparation des huiles par la distillation. — Principes constituants. — Essai des huiles essentielles. — Plantes d'où l'on tire les huiles essentielles. — Origine, production, propriétés. — Composition et commerce des huiles essentielles. 1 vol. in-8°, 868 pages, avec 84 gravures et 2 cartes 1900, 1/2 reliure avec coins tranches marbrées . . . . **25 fr.**

Phonographe.

Le Phonographe et ses applications, par A.-M. VILLON, ingénieur. — 1 volume in-16, avec 36 figures dans le texte. — Prix.   **2 fr.**

Photographie.

Photographie. Encyclopédie de l'Amateur-Photographe, par MM. G. Brunel, P. Chaux, E. Forestier et A. Reyner;

10 volumes in-16, près de 500 figures dans le texte. — Prix (les 10 volumes dans un élégant étui) . . . . **20 fr.**

On vend séparément chaque volume. . . . . **2 fr.**

Voici les titres des volumes et l'analyse des matières que chacun renferme. On pourra ainsi juger du plan adopté pour cette *ency-clopédie* appelée, croyons-nous, à rendre les plus grands services, aussi bien aux débutants qu'aux amateurs exercés.

N° 1. — **Choix du matériel et installation du laboratoire.** — Ce que c'est que la photographie. — Théorie abrégée. — Formation des images. — Image latente. — Corps sensibles, leur révélation. — Termes photographiques. — Différents appareils. — Les diaphragmes, les obturateurs. — Le laboratoire élémentaire ou complet, comment on l'installe. — Les accessoires. — Les produits, leur conservation. — Conditions hygiéniques du laboratoire, par G. Brunel et E. Forestier. — Prix . . . . . **2 fr.**

N° 2. — **Le sujet. — Mise au point.** — Temps de pose. — Classement des opérations. — Choix du sujet. — Son éclairage. — Station et mise au point. — Le temps de pose. — Composition des vues, par G. Brunel. — Prix . . . . **2 fr.**

N° 3. — **Les clichés négatifs.** — Les plaques sensibles. — Les pellicules. — Mise en châssis. — Le développement. — Les révélateurs, leur action. — Choix de révélateurs. — Formules simples et précises. — Les révélateurs à un bain, à deux bains. — Les révélateurs automatiques. — Fixage. — Lavage. — Alunage. — Séchage. — Vernissage. — Conservation des négatifs. — Répertoire des clichés. — Par G. Brunel et E. Forestier. — Prix . . . . **2 fr.**

N° 4. — **Les épreuves positives.** — Les épreuves positives. — La préparation du papier sensible. — Différents papiers fournis par l'industrie. — Différents bains. — Les viro-fixateurs. — Virage, fixage. — Lavage, séchage. — Finissage. — Collage, montage, satinage. — Préparation d'un album. — Par G. Brunel. — Prix. . . . . **2 fr.**

N° 5. — **Les insuccès et la retouche.** — Mauvais négatifs, mauvais positifs; causes, discussions, recherches. — Moyens d'éviter les insuccès. — Remèdes. — Bains compensateurs. — La retouche des clichés et des photocopies. — Par G. Brunel. — Prix. . . . . **2 fr.**

N° 6. — **La photographie en plein air.** — Appareils spéciaux. — Détectives et jumelles. — La photographie instantanée. — Les sujets, conditions qu'ils doivent remplir. — La pose. — Les opérations de laboratoire. — La photographie scientifique, topographique, ethnographique, beaux-arts, par G. BRUNEL et P. CHAUX. — Prix . . . . **2 fr.**

N° 7. — **Le portrait dans les appartements.** — Disposition et éclairage. — Les objectifs. — La mise au point. — Les écrans. — La pose et le maintien du modèle. — Différents procédés. — Conduite des opérations, par A. REYNER. — Prix . . . . **2 fr.**

N° 8. — **Les agrandissements et les projections.** — Les agrandissements et les réductions. — Les projections. — Les positifs sur verre. — Epreuves sur opale. — Epreuves artistiques, par G. BRUNEL. — Prix . . . . **2 fr.**

N° 9. — **Les objectifs et la stéréoscopie.** — Quelques notions d'optique. — L'objectif photographique. — Différentes formes. — Classement. — Défauts, qualités. — Choix des objectifs. — Essai des objectifs. — Détermination et comparaison de la valeur des objectifs. — La photographie stéréoscopique, par G. BRUNEL. — Prix . . . . **2 fr.**

N° 10. — **La photographie en couleurs.** — Positifs colorés sur verre et sur papier, monochromes et polychromes. — Les différents tons pouvant être obtenus à l'aide du bain de virage. — La photographie des couleurs. — La photominiature et la photopeinture, par G. BRUNEL. — Prix . . . . **2 fr.**

Nouveau traité complet de Photographie pratique,

contenant les découvertes les plus récentes, par A. LIÉBERT, artiste photographe à Paris ; 4me édition augmentée d'un appendice théorique et pratique sur le gélatino-bromure, 1 beau volume in-8° de 700 pages, 77 figures et 18 photographies, cartonnage élégant, toile anglaise avec plaque spéciale (1884, publié à 25 fr.). — Prix . . . . **12 fr. 50**

Guide du Photographe et de l'Amateur Photographe,

par PAUL FABRE-DOMERGUE, 1 volume in-16, 128 pages, 48 figures, couverture ornée d'une épreuve instantanée. — Prix . . . . **3 fr.**

Piles (Voir ACCUMULATEURS-ÉLECTROLYSE).

Les Piles électriques et les Piles thermo-électriques,

par W. HAUCK. — Troisième édition française, par G. FOURNIER, ingénieur-électricien. — 1 fort volume in-16, orné de 71 fig. dans le texte. — Prix . . . . **4 fr. 50**

Radiographie.

Manuel pratique de Radiographie. Pratique des rayons X,

par G. BRUNEL. — 1 volume in-16, 56 figures, 3me édition . .—Prix. **1 fr. 50**

Savons (Voir Bougies).

Manuel pratique du Savonnier. *Savons communs, savons de toilette, mousseux, transparents, médicinaux, pâtes et émulsions, analyse des savons, par MM. Calmels et Wiltner, chimistes.*

Extrait de la Table des Chapitres : Historique des savons. — Réaction fondamentale de la saponification. — Des matières employées pour la fabrication des savons. — Préparation des lessives alcalines. — Fabrication du savon. — De la saponification en général. — Classification des savons. — Fabrication des

Machine à mouler les savons.

diverses sortes de savons. — Savons médicinaux. — Moulage des savons. — Tableaux de cuisson. — Fabrication des savons par la vapeur. — Fabrication des savons de toilette. — Préparation de la masse destinée à la fabrication des savons de toilette. — Description des machines employées pour la fabrication des savons de toilette. — Couleurs et substances colorantes. — Recettes pour la préparation des savons de toilette. — Analyse des savons. — 1 volume in-16, 26 figures dans le texte. — Prix . . . . **4 fr.**

Soie.

Manuel pratique de la Soie. Éducation des vers. — Filage des cocons. — Cuite. — Assouplissage. — Blanchiment. — Filature des déchets. — Moulinage. — Conditionnement des soies. — Teinture et dorure de la soie. — Par A. Villon, ingénieur à Lyon ; 1 fort volume in-16, nombreuses figures dans le texte. — Prix . . . . **6 fr.**

Sondages (Voir MINES).

Manuel pratique de Sondages. Études et recherches souterraines par sondages à de faibles profondeurs, par Ed. LIPPMANN, ingénieur civil. — 1 vol. in-16, avec 5 planches (1901). Prix, cartonné . . . . **4 fr. 50**

Sonneries Electriques.

Les Sonneries électriques. Installation et entretien, par Georges FOURNIER, ingénieur-électricien, d'après O. CANTOR. — Quatrième édition. — 1 volume in-16, avec 59 figures dans le texte. — Prix . . . . . **2 fr. 50**

EXTRAIT DE LA TABLE DES MATIÈRES. — Préface. — Unités électriques. — Introduction. — Les sonneries électriques employées aux usages domestiques. — Les appareils avertisseurs automatiques. — Installation et pose des circuits et appareils. Règles à observer. — Exemple de pose et d'installation. — Calcul des intensités de courant nécessité dans la pratique. Exemples. — Les sonneries électromagnétiques.

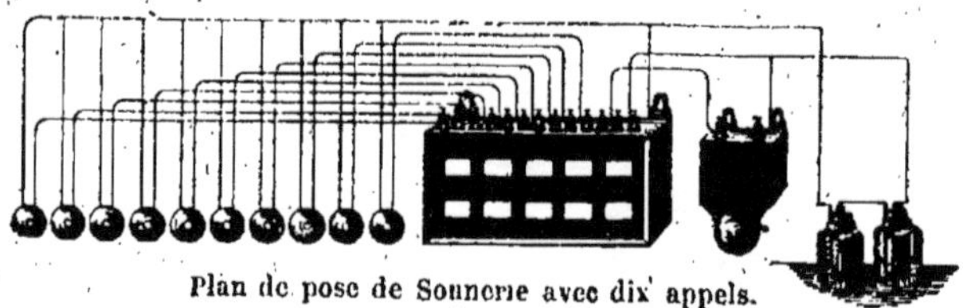

Plan de pose de Sonnerie avec dix appels.

Album de 32 plans de pose de sonneries électriques, par S. DENIS, fils aîné, constructeur-mécanicien. — Troisième tirage, in-12 oblong. — Prix. . . . . **1 fr.**

Sucre.

Manuel du Fabricant de Sucre. Sucre de betteraves, de cannes; par P. BOULIN, chimiste-industriel; 1 beau volume in-16, 30 figures dans le texte (1889). — Prix. . . . . **6 fr.**

Fabrication du Sucre (Traité complet théorique et pratique de la). — Guide du fabricant, par le Dr Charles STAMMER; 1 volume gr. in-8°, 718 pages avec 165 figures, nombreux tableaux dans le texte et 3 planches. Cartonné. (1875). — Prix. . . . . **20 fr.**

Manuel pratique de Diffusion. Historique. — Théorie. — Diffusion. — Contrôle. — Rendements. — Devis. — Installation, par ÉLIE FLEURY et ERNEST LEMAIRE, in-8° (1880). — Prix réduit. . . . . **3 fr.**

Tabac.

Tabac. Description historique, botanique et chimique. — Climat. — Culture. — Frais. — Produits. — Mode de dessiccation. — Séchoirs. — Conservation. — Commerce; par V.-P.-G. DEMOOR. — In-18, 130 pag., 20 fig. — Prix. **2 fr.**

Teinture (Voir COULEURS).

Manuel pratique du Teinturier. Matières colorantes, par J. HUMMEL, directeur du Collège de Teinture de Leeds. Edition française, par M. F. DOMMER, professeur à l'École de physique et de chimie industrielles. — 1 fort volume in-16, 80 figures dans le texte.

Le Traité de la Teinture des Tissus, du professeur Hummel, est le livre classique des teinturiers anglais.

Machine pour exprimer le fil à teindre en rouge turc.

Nous avons pensé qu'il ne serait pas sans intérêt, pour les teinturiers français, de connaître cet ouvrage, où le praticien trouvera, à côté de la théorie, la pratique raisonnée des opérations de teinture, en même temps qu'une étude complète des matières colorantes, considérées au point de vue de leurs applications. — Prix. . . **7 fr. 50**

Télégraphie.

Traité de Télégraphie électrique. Cours théorique et pratique à l'usage des fonctionnaires de l'Administration des Lignes télégraphiques, des ingénieurs, constructeurs, inventeurs, employés des Chemins de fer, etc., etc., par E.-E. BLAVIER, inspecteur des Lignes télégraphiques. — 2 beaux volumes in-8° de 952 pages, avec 413 figures dans le texte (1867) (Publié à 20 fr.). — Prix . . . . **10 fr.**

Téléphonie.

Manuel pratique du Téléphone. 1re partie. — Installations privées. — Téléphone. — Microphone et Radiophone, par Théodore SCHWARTZE. — Troisième édition française, par S. FOURNIER et D. TOMMASI. — 1 volume in-16, avec 153 figures dans le texte. — Prix . . . . . **4 fr.**

2me partie. — Traité de téléphonie. — Installations industrielles à grande distance, par le Dr V. WIETLISBACH. — 1 volume in-16, avec 123 figures dans le texte. — Prix . . . . **4 fr.**

Tourbe.

La Tourbe. Son extraction et son emploi comme combustible industriel, guide pratique de la fabrication des briquettes de tourbe et pour leur utilisation générale en métallurgie, en verrerie, en cristallerie et pour le chauffage au gaz, par M. LENCAUCHEZ. — 1 volume grand in-8°, avec atlas in-4° de 17 planches doubles. — Prix . . . . **7 fr. 50**

Transport de la force.

Le Transport de la force par l'Électricité, par Ed. JAPING, ingénieur-électricien. — Troisième édition française. — Annotée et augmentée de la description des plus récentes applications du Transport de la force, par M. Marcel DEPREZ, membre de l'Institut. — 1 volume in-16, avec 49 figures dans le texte. — Prix . . . . **5 fr.**

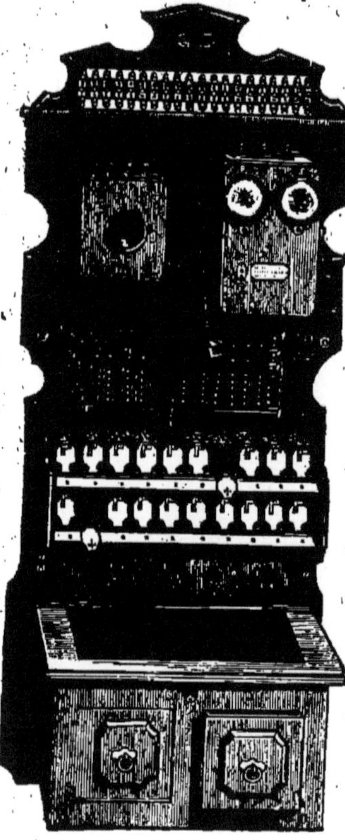

Spécimen des figures de la *Téléphonie Industrielle.*

EXTRAIT DE LA TABLE. — Introduction du transport de la force en général et en particulier du transport de la force par l'électricité. — Forces naturelles propres à être transmises par l'électricité. — Machines électriques pour la production du courant électro-moteur. — Théorie de la transformation du courant en travail. — Considérations théoriques concernant le rapport de la force à de grandes distances. — Emploi des machines électriques. — Les conducteurs électriques. — La propagation et la distribution du courant électrique. — Distribution du courant électrique. — Transformateurs et accumulateurs. — Procédé pour diminuer les pertes d'énergie. — Applications industrielles. — Rendement économique du Transport de la force par l'électricité. — Appendice. Nouvelles expériences du transport de la force.

Turbines.

Construction des Turbines et des Pompes centrifuges, par Lucien VALLET, ingénieur-constructeur. — 1 volume in-8° et atlas de 15 planches (1875). — Prix . . . . 15 fr.

Vernis.

Manuel pratique du Fabricant de Vernis. Gommes. — Huiles. — Térébenthines. — Huiles siccatives, — Vernis gras. — Vernis à l'essence. — Vernis à l'alcool, par E. COFFIGNIER, 1 fort volume in-16, avec figures. — Prix . . . . 5 fr.

EXTRAIT DE LA TABLE DES MATIÈRES. — Matières premières. — Analyses des gommes. — Résinates et linoléates. — Les dissolvants. — Huiles végétales. — Les Térébenthines. — La gemme. — Les résineux. — Fabrication des huiles siccatives. — Diverses cuissons. — Fabrication des vernis gras. — Analyse et essai des vernis. — Différents vernis à l'essence. Leur mode de fabrication. — Fabrication des vernis à l'alcool. — Les principaux vernis à l'alcool. — Vernis mixtes. — Vernis au caoutchouc. — Vernis à l'eau.

Vinaigre.

Manuel pratique du Vinaigrier. Méthodes nouvelles de fabrication du vinaigre, par Ch. FRANCHE, ingénieur-chimiste. — Un beau volume in-16, nombreuses figures dans le texte (1901). — Prix . . 4 fr. 50

EXTRAIT DE LA TABLE DES MATIÈRES. — Acide acétique. — Propriétés générales. — Origine chimique de l'acide acétique. — Fermentation acétique. — Choix des liquides pour la fabrication du vinaigre. — Différentes méthodes : Méthode d'Orléans, Méthode Pasteur, Méthode anglaise, Nouvelles Méthodes, etc. — Propriétés, traitement, conservation, emmagasinage. — Essai et analyse du vinaigre. — Falsifications.

Vins (Voir ARBRES FRUITIERS. VIGNE).

Manuel général des Vins (Nouvelle édition revue et corrigée), par Édouard ROBINET (d'Epernay).

Le manuel général des vins dont nous offrons une nouvelle édition au public est naturellement un livre indispensable, non seulement au public spécial, négociants en vins, viticulteurs, etc., mais encore à tous ceux qui possèdent une cave. Les connaissances spéciales, la longue expérience de l'auteur donnent au second volume une importance considérable, et nous ne craignons pas de dire qu'il n'est pas un seul fabricant de vins mousseux qui ne l'ait consulté avec fruit.

Le troisième volume forme un guide d'analyse des vins, mettant cette science si délicate à la portée de tous ; il complète la bibliothèque du négociant, du viticulteur et du simple particulier.

Trois beaux volumes in-16, de 1,366 pages et 136 figures. — Prix . . . 15 fr.

On vend séparément :

Tome I⁰ʳ. — Vins rouges. — Vins blancs. — Vins artificiels. . . . . . . 5 fr.
Tome II. — Vins mousseux. — Champagnes. . . . . 5 fr.
Tome III. — Analyse des Vins. — Fermentation. — Falsifications. . . . . 5 fr.

Note sur la fabrication des vins mousseux dans les pays chauds, 1 volume in-16, 32 pages. — Prix . . . . . 1 fr. 50

DICTIONNAIRE
DE
CHIMIE INDUSTRIELLE

COMPRENANT TOUTES LES APPLICATIONS DE LA CHIMIE

à l'Industrie, à la Métallurgie, à l'Agriculture, à la Pharmacie et aux Arts et Métiers

avec la traduction russe, anglaise, allemande, espagnole et italienne de la plupart des termes techniques

PAR MM.

A.-M. VILLON	**P. GUICHARD**
INGÉNIEUR-CHIMISTE	MEMBRE DE LA SOCIÉTÉ CHIMIQUE DE PARIS
PROFESSEUR DE TECHNOLOGIE CHIMIQUE	ANCIEN PROFESSEUR DE CHIMIE
	A LA SOCIÉTÉ INDUSTRIELLE D'AMIENS

AVEC LA COLLABORATION D'UN GROUPE DE CHIMISTES ET D'INGÉNIEURS

Le but de cette nouvelle Encyclopédie est de réunir, sous une forme facile à consulter, débarrassée de tous les détails théoriques, l'ensemble de nos connaissances actuelles sur la Chimie industrielle. — Elle s'adresse à toute personne appelée à s'occuper, de près ou de loin, des questions si importantes, mais souvent fort embarrassantes, de la chimie appliquée. L'industriel est souvent gêné, lorsqu'il veut se procurer les renseignements dont il a besoin. Les traités spéciaux ne donnent pas entière satisfaction aux nécessités si diverses des exploitations industrielles. Tantôt le document pratique cherché est noyé dans des détails trop théoriques, tantôt il est entouré d'explications plus ou moins claires, qui en rendent la lecture obscure et trop abstraite. — Le chimiste industriel est un expérimentateur. Il faut qu'il soit en état d'user à temps de tous les procédés connus, de toutes les méthodes de contrôle reconnues exactes, sauf à inventer lui-même de nouveaux moyens appropriés aux circonstances au milieu desquelles il se trouve placé.

Mode de publication :

L'ouvrage complet en 36 livraisons, forme 3 vol., petit in-4°.
L'ouvrage complet, au prix de 75 francs, est payable 37 fr. 50 comptant et 37 fr. 50 à trois mois.
Le Tome Ier (fascicules 1 à 12) se vend séparément 30 francs.
Le Tome II (fascicules 13 à 22) se vend séparément 25 francs.
Le tome III (fascicules 23 à 36) se vend séparément 25 francs.

Voir pages 29 et 30 un spécimen réduit d'une page de texte et la nomenclature des fascicules.

Les fascicules sont vendus séparément :
Fascicules 1 à 19, chaque fascicule, 3 francs.
Fascicules 20 à 36, — — 2 —

Dictionnaire de Chimie Industrielle (*Suite*)

Chaque Fascicule se vend séparément

 1 : *Abaca à Acide azotique*; 46 figures. . . . . **3** fr.
 2 : *Acide azotique — Acide phénique*; 62 figures. . . . . **3** —
 3 : *Acide phosphoreux — Acide sulfurique*; 75 figures . . . . . . **3** —
 4 : *Acide sulfurique — Air*; 44 figures . . . . **3** —
 5 : *Air — Alliages*; 42 figures. . . . . : . . . . . **3** —
 6 : *Alliages — Amphibole*; 54 figures . . . . **3** —
 7 : *Amphigène — Auramine*; 17 figures. . . . . **3** —
 8 : *Auramine — Bismuth*; 37 figures . . . . **3** —
 9 : *Bismuth — Broggérite*; 27 figures. . . . . **3** —
10 : *Brome — Caoutchouc*; 48 figures. . . . . **3** —
11 : *Caoutchouc — Chlore*; 55 figures. . . . . **3** —
12 : *Chlore — Chromates*; 50 figures. . . . . • . **3** —
13 : *Chromates — Corps composés*; 26 figures . . . . **3** —
14 : *Corps composés — Dialyseurs*; 50 figures . . . . **3** —
15 : *Digestion — Eau*; 66 figures. . . . . **3** —
16 : *Eau — Engrais*; 23 figures. . . . . **3** --
17 : *Eponges — Explosifs*; 36 figures. . . . . **3** —
18 : *Farines — Fer, etc.*; 29 figures. . . . . **3** —
19 : *Fermentation — Fromages, etc.*; 54 figures. . . . . **3** —
20 : *Gaiac — Gaz d'éclairage*; 28 figures. . . . . **2** —
21 : *Gaz — Glucose*; 12 figures . . . . **2** —
22 : *Glucose — Gypse*; 13 figures. . . . . : . **2** —
23 : *Hallosyte — Hydrotimétrie*; 14 figures . . . . **2** —
24 : *Hydrotimétrie— Jaune*: 7 figures . . . . **2** —
25 : *Jaune — Lin*; 15 figures.. . . . . **2** —
26 : *Linoléum — Monazite*; 15 figures. . . . . **2** —
27 : *Mordants — Or*; 25 figures. . . . . **2** —
28 : *Or — Pain*; 27 figures. . . . . **2** —
29 : *Pain — Pétrole*; 21 figures. . . . . **2** —
30 : *Pétrole — Pommades*; 5 figures. . . . . **2** —
31 : *Poteries — Sang* . . . . **2** —
32 : *Santal — Soufre*; 17 figures . . . . **2** —
33 : *Soufre -- Teinture*; 39 figures. . . . . **2** —
34 : *Teinture — Verrerie*; 37 figures . . . . **2** —
35 : *Verrerie — Zircon*; 20 figures. . . . . **2** —
36 : *Complément* : *Introduction* et *Frontispice*. . . . . **2** —

Spécimen réduit d'une page du *DICTIONNAIRE DE CHIMIE INDUSTRIELLE*

ALDÉHYDE FORMIQUE

voíe la masse dans un appareil à distiller et on chasse l'aldéhyde au moyen d'un courant de vapeur barbotante. Quelquefois, on rectifie encore l'aldéhyde ainsi purifiée.

L'aldéhyde benzoïque commerciale ne subit pas cette rectification, qui entraîne à des pertes sensibles.

Propriétés. — L'aldéhyde benzoïque est une huile incolore, très réfringente, possédant une odeur aromatique agréable, rappelant celle des amandes amères et une saveur âcre et brûlante. Elle bout à 180° ; sa densité est 1,0504. Elle est soluble dans 30 parties d'eau et miscible, en toutes proportions, avec l'alcool et l'éther.

L'aldéhyde benzoïque est employée en parfumerie et pour la fabrication des couleurs artificielles, comme le vert malachite, le vert brillant, etc

ALDÉHYDE FORMIQUE. — [Russe : Муравейный альдегидъ ; Angl. : *Formaldehyd* ; Allem. : *Ameisenaldehyd, Formaldehyd* ; Ital. : *Aldeïdo formico* ; Esp. : *Aldehide formico*]

Syn *Formaldéhyde. Formol. Méthanol*

Formule : CH^2O

Ce corps, découvert par Hoffmann, a été plus spécialement étudié par M. Trillat qui a découvert ses propriétés antiseptiques énergiques.

Pour le préparer, M. Trillat dirige un courant de vapeurs d'alcool méthylique, produites dans une chaudière A (fig. ci-dessous), dans un tube en cuivre B. dont l'ouverture G est conique. Ce jet de vapeur, faisant trompe, aspire l'air qui lui est nécessaire pour son oxydation. Le mélange de vapeurs alcooliques et d'air passe sur de l'amiante platinée E, chauffée au rouge. L'oxyde de cuivre, les corps poreux, tels que

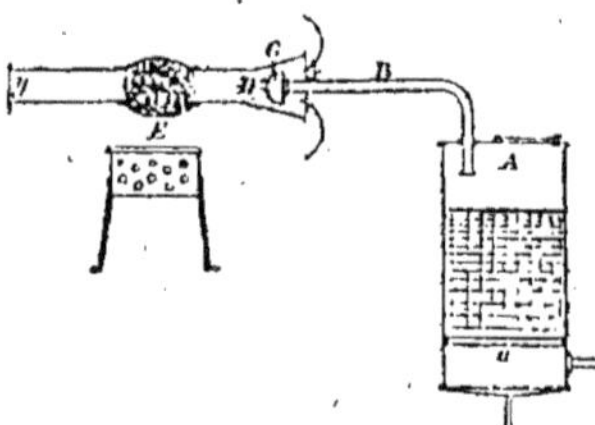

Fabrication de l'aldéhyde formique.

le charbon des cornues, la porcelaine, le coke, peuvent remplacer l'amiante platinée. Les vapeurs, qui se dégagent, sont composées d'un mélange d'eau, d'alcool méthylique, de formol et de traces d'acide acétique et formique. On les condense dans de l'eau On purifie la solution aqueuse en l'évaporant pour chasser l'alcool méthylique et les acides ; on peut s'aider du vide. Pour obtenir le formol tout à fait pur, il faudrait passer par sa combinaison bisulfitique.

Le formol, à l'état de solution à 30 ou 40 0/0, est un liquide incolore, sirupeux, d'une odeur piquante. On ne peut l'obtenir plus concentré ; sans cela, il se changerait en trioxyméthylène, qui se déposerait en poudre amorphe.

Le formol n'est pas très volatil ; on peut concentrer ses solutions au bain-marie. Ses vapeurs ne sont pas inflammables.

C'est un antiseptique puissant, à la dose de 1/12000 ; il conserve le bouillon de veau, pendant plusieurs semaines, tandis que le même bouillon, additionné de 1/6000 de bichlorure de mercure, se décompose en 5 ou 6 jours. A la dose de 1/1000, il tue les microbes salivaires en moins de 2 heures.

La viande immergée, pendant 3 minutes, dans une solution d'aldéhyde formique au 1/500, peut se conserver pendant 5 jours ; avec une immersion de 60 minutes, on peut la conserver pendant 25 jours Les vapeurs d'aldéhyde formique, dégagées d'une solution à 10 0/0, empêchent la corruption de la viande, en faisant agir ces vapeurs sous pression, la conservation est encore plus longue.

ALE. — V. BIÈRE.

ALEMBROTH — [Russe : Алемброгова соль ; Angl. : *Alembrot* ; All. *Weisheitssalz* ; Ital. : *Alembroth* ; Esp. : *Alembroth, Sal alembrotti*].

Syn. : *Sel alembroth, Sel de sagesse, Sel de science, Chlorohydrargirate ammoniacal.*

Formule : $2AzH^4Cl^2$, $HgCl^2$, H^2O.

Sel obtenu en mélant deux solutions, l'une de sel ammoniac et l'autre de bichlorure de mercure, dans les proportions indiquées par la formule ci-dessus Il est employé en médecine à la place du sublimé.

Le sel d'alembroth insoluble s'obtient en ajoutant de l'ammoniaque à la solution du sel double ci-dessus. Le précipité, lavé et séché, porte les noms de *Lait mercuriel, Mercure précipité blanc, Mercure cosmétique.*

ALDOL. — [Russe : Альдоль ; Angl. : *Aldol* ; Allem. : *Aldol* ; Ital. : *Aldol* ; Esp. : *Aldol.*]

Formule : $C^4H^8O^2$.

Produit de condensation de l'aldéhyde. On le prépare en mélant, peu à peu, 100 g. d'aldéhyde avec 100 g. d'eau, en maintenant la température à 0° C. Ensuite, on ajoute, peu à peu, 200 g. d'acide chlorhydrique refroidi et on abandonne le tout à la lumière diffuse, pendant 5 à 15 jours. Le produit brun est étendu d'eau et neutralisé par le carbonate de soude. On sépare une huile qui vient surnager au dessus du liquide, on filtre celui-ci et on l'agite avec 12 0/0 de son volume d'éther, à cinq reprises différentes. On chasse l'éther par distillation et on distille le résidu sec en s'aidant du vide. Entre 80 et 100°, sous pression de 2 cm. de mercure, on recueille en l'aldol environ 1/4 du poids de l'aldéhyde mise en œuvre.

REVUE DE CHIMIE INDUSTRIELLE
REVUE
DES PRODUITS CHIMIQUES, COULEURS, TEINTURE, MÉTALLURGIE, DISTILLERIE, PYROTECHNIE
ENGRAIS, COMESTIBLES, ANALYSES INDUSTRIELLES, ÉLECTROCHIMIE
Réunie avec la
Revue de Physique et de Chimie et de leurs applications industrielles
Fondée par **MM. SCHUTZENBERGER** et **LAUTH**

Comité de rédaction : MM. CHERCHEFFSKY, COFFIGNIER et HALPHEN
Ingénieurs-chimistes, E. P. et C.

*Les années 1890 à 1903 forment **14** beaux vol. in-4°*

Prix de chaque vol. : **15** francs

PRIX DES ABONNEMENTS (du 1er Janvier de chaque année)

France. . . . . **12** fr. | Etranger. . . . . **15** fr.

Spécimen gratuit à toute personne qui en fait la demande

La faveur toujours croissante avec laquelle le public industriel et savant a accueilli cette publication nous prouve hautement son utilité.

Nous continuerons a tenir nos lecteurs au courant des découvertes, améliorations, méthodes et appareils nouveaux qui viennent chaque jour enrichir le domaine déjà si vaste de l'industrie chimique.

Notre revue reste une tribune ouverte à toutes les observations sérieuses qui peuvent intéresser le public industriel ; en faisant appel au zèle et à la sympathie des savants, des ingénieurs et des industriels, nous espérons atteindre plus complètement le but que nous nous sommes proposé et faire œuvre vraiment utile au point de vue des intérêts de l'industrie chimique.

Sommaires de quelques numéros de la Revue

Note sur l'huile d'élaeococca, ses propriétés, ses emplois. — **Falsification des huiles comestibles.** Nouveau procédé du dosage de l'huile d'arachide dans les mélanges d'huile. — **L'essence grasse de térébenthine** au point de vue industriel. — **Les applications de la chimie industrielle à l'art militaire.** Torpilles aériennes. — **Fabrication du papier en Amérique.** Le traitement au sulfite. Procédé à la soude. Récupération de la soude. — **Teinture.** Emploi des teintes alizarines sur le cuir chromaté. — **Teinture des tissus.** — **Revue technologique française.** La liquéfaction de l'hydrogène et de l'hélium. Procédé nouveau pour la fabrication de la céruse. Blanchiment du coton en 4 heures. — **Revue technologique étrangère :** Action du sodium sur l'aldéhyde. Réduction du sulfate de zinc. Emploi de l'acide fluorhydrique pour le traitement des borates naturels. Le coton mercerisé comme succédané de la soie, etc. — **Brevets d'invention.**

Purification des eaux potables, par P. Guichard. — **Procédé de concentration de l'acide sulfurique.** — **Blanchiment par les corps suroxygénés.** II. Ozone. Fabrication de l'ozone par les procédés Berthelot et Villon, solubilité de l'ozone dans l'eau. — **Fabrication des savons de résine.** — **Les applications de la chimie industrielle à l'art militaire.** L'électricité comme force motrice des navires de guerre. La transformation du fulmicoton en poudre sans fumée. Les obus à dynamite. Les projectiles en aluminium. La roxpire. La détonation des explosifs brisants par les ondes du genre Hertz. Le laiton des cartouches américaines. — **La fermentation sans levure.** — **Revue technologique étrangère.** Méthode rapide pour la détermination du sel dans les graisses. La métallurgie du nickel, etc., etc. — **Brevets d'invention.**

BULLETIN DE SOUSCRIPTION

Veuillez m'envoyer les ouvrages indiqués ci-dessous :

....

....

....

Ci inclus, pour solde, un mandat postal de

....

Nom ....

Qualité ....

Rue ....

Ville ....

SIGNATURE

Avis important. — Tous les ouvrages sont expédiés franco
lorsque le montant est joint à la demande; dans le cas contraire,
l'envoi est fait contre remboursement aux frais du destinataire.

3-04 876. — Paris, Typ. Morris Père et Fils, rue Amelot, 64.

LIBRAIRIE BERNARD TIGNOL, 53 bis, QUAI DES GRANDS-AUGUSTINS. — PARIS

Envoi franco, joindre un mandat-poste à la demande.

Accumulateurs électriques, F. CACHEUX 4 »
Câbles électriques, S.-A. RUSSEL . . . . . 6 »
Catéchisme d'Électricité, ST-EDME. . . . 2 50
Compteurs d'électricité, E. COUSTET . . 2 50
Dynamo électriques machines . P. CLÉ-
    MENCEAU . . . . 5 »
Electrolyse, Electrométallurgie, JAPING 4 »
Electricité (l') dans la Maison, COUSTET 4 50
Galvanoplastie, argenture, BRUNEL . . 4 »
Horlogerie électrique, TOMLER . . . . . 3 »
Ingénieur électric. (Aide Mémoire de l') 6 »
Lampes électriques, D'URBANITZKY . . . 4 50
Lumière électrique, (Installation de la)
    ANNEY, 2 vol :
        Installations privées. . . . . . . 5 »
        Stations centrales . . . . 7 »
Monteur électricien (Manuel du), P. LAF-
    FARGUE, 700 fig. 6e édition. . . . . . 10 »
Piles électriques, HAUCK 4 50
Sonneries électriques, G. FOURNIER . . 2 50
Téléphone (Manuel du). Installations pri-
    vées, SCHWARTZE . . . . 4 »
    Téléphonie à grande distance, WIETLIS-
    BACH . . . . 4 »
Transport de Force par l'électricité,
    DEPREZ . . . . 5 »
Acétylène (l'), DOMMER (140 fig.). . . . 4 50
Aérostation (Manuel d'), de FONVIELLE . . 5 »
Encyclopédie d'Agriculture, sous la di-
    rection de M. A. LARBALÉTRIER 10 v. 15 »
    Les Engrais 1 50 Drainage des terres
    1 50. Elevage du bétail 1 50. Jardinage
    pratique (fleus et légumes) 1 50 —
    Lait, beurre et fromage 3 fr. — Cé-
    réales et fourrages 1 50 —Arbres frui-
    tiers et Vigne 3 fr. — Cidre et poiré,
    1 50.—Volailles, lapins, abeilles 1 50—
    Machines agricoles, constructions ru-
    rales, 1 50.
Alcool (Fabrication de l'), ROBINET et
    CANU . . . . 3 »
Aluminium. Ad MINET, 2 vol.
    Fabrication, ... 4 50
    Alliages, emplois récents 4 50
Ammoniaque (Fabrication de l'), TRUCHOT 6 »
Architectes et Entrepreneurs (Carnet
    Formulaire des) C. SÉE, ... 4 50
Arpentage et Levé de Plans, par DALLET 4 »
Automobiles (Manuel du chauffeur-conduc-
    teur d') FARMAN. . . . . 3 »
Automobiles (Manuel du constructeur d')
    M. FARMAN. in-16 et atlas in-4 . . . . 9 »
Bière (fabrication de la), par BOULIN . . 9 »
Bougies, Savons et Chandelles. DROUX
    et LARUE, in-8 et atlas, cartonné toile . 20 »
Briquetier, Tuilier, par LEJEUNE . . . 8 »
Catéchisme des Chauffeurs-Mécaniciens 1 50

Chaux Ciments, Plâtres, LEJEUNE . . . 5 »
Chocolat (Fabrication du), L. DE BELFORT. 4 50
Conserves Alimentaires, de NOTTER. . . 3 »
Cordes, Ficelles et Filins (Fabrication
    des) Alf. RENOUARD. . . . . 10 »
Principes de Chimie, MENDÉLÉEF, (2 vol.
    cart. toile) . . . . 15 »
Corps gras, par VILLON. . . . . 6 »
Couleurs, Essences et R. LEMOINE et Ch.
    du MANOIR in-8. . . . . 6 »
Eaux (Analyse des), FABRE DOMERGUE. . . 1 50
Encres et Cirages, DESMAREST . . . . . 5 »
Fécule et Amidon, FRITSCH . . . . 6 »
Filets de pêche, (Fabrication des). par
    VANNETELLE. . . . . 3 »
Géodésie, DALLET. . . . . 4 »
Graissage des Machines, THURSTON. . . 4 »
Ingénieur (Carnet formulaire de l'), . . . 4 50
Laminage du Fer, NEVEU et HENRY (1 vol
    et atlas). . . . . 40 »
Liqueurs (Fabrication) Ed. ROBINET . . . 5 »
Matières colorantes artificielles, par
    LAMY 1 50
Manuel de l'Ouvrier-Mécanicien.
    G. FRANCHE 8 volumes. . . . . 15 »
    Principes de Mécanique, 2 fr. — Outils,
    Machines-outils, 2 fr. — Forge, Fon-
    derie, 2 fr. — Engrenages, Transmis-
    sions, 2 fr. — Boulons, Rivets, Chau-
    dronnerie, 2 fr. — Machines à vapeur,
    2 fr. — Moteurs à gaz et pétrole, 2 fr.
    -- Hydraulique, 2 fr.
Meunerie (Manuel de), L. DE BELFORT. . . 6 »
L'Or, par DE LA COUX. . . . . 5 »
Parfumeur (Manuel du), ASHINSON . . . . 6 »
Photographie (Encyclopédie de l'amateur
    par G. Brunel, Reyner, Chaux et Forest
    10 volumes in-16. . . . . 20 »
    Choix du Matériel, 2 fr. Le Sujet, l'emps
    pose, 2f. de clichés négatifs 2f. Epreuves
    positives, 2 f. Insuccès et retouche, 2 f.
    Photographie en plein air, 2 f. Portrait
    dans les appartements, 2f. Photographie
    en couleurs, 2 f. Agrandissements et
    projections. 2f. Objectifs et stéréoscopie. 2 »
Prospecteur (Manuel du) Anderson. . . . 4 50
Savonnier (Manuel du) CALMELS. . . . . . 4 »
Soie (Fabrication de la), VILLON . . . . . 6 »
Sondages (Traité de) E. Lippmann. 4 50
Sucre (fabrication du), BOULIN . . . . . . 6 »
Teinturier (Manuel du) par J. HUMMEL. 7 50
Vernis. CH. COFFIGNIER. . . . . 5 »
Vinaigre (Fabrication du) Ch. FRANCHE. 4 50
Vins rouges, vins blancs, etc., par ROBI-
    NET. . . . . 5 »
Vins Mousseux, par ROBINET . . . . . . 5 »
Vins, Analyse (des), par ROBINET . . . . 5 »

Paris. — Imp. Louis Lambert, 11, rue Molière.

www.ingramcontent.com/pod-product-compliance
Ingram Content Group UK Ltd.
Pitfield, Milton Keynes, MK11 3LW, UK
UKHW021937070726
13614UKWH00001B/476